刘刚 丁鸣 李慧芳 编著

品悟

——3ds Max/VRay/Photoshop室内设计

人民邮电出版社

北 京

图书在版编目（C I P）数据

品悟. 3ds Max/VRay/Photoshop室内设计 / 刘刚,
丁鸣, 李慧芳编著. -- 北京 : 人民邮电出版社, 2014.8
ISBN 978-7-115-35789-2

Ⅰ. ①品… Ⅱ. ①刘… ②丁… ③李… Ⅲ. ①室内装
饰设计－计算机辅助设计－三维动画软件 Ⅳ.
①TU201.4②TU238-39

中国版本图书馆CIP数据核字(2014)第137260号

内 容 提 要

本书主要通过几种常用、经典的实际案例制作，介绍了现代室内设计不同风格的效果图的制作流程及经验，并运用现代室内设计方案图、实景照片，使内容实用且通俗易懂。

本书注重对制作一个完整现代室内设计案例流程和方法的讲解，让读者在学习完本书及配套演示视频后能独立完成不同风格的室内效果图的制作。

全书共 12 章，首先讲解了设计基础理论以及渲染插件和基本的模型制作；然后以某一个场景为实例，从设计制作思路、选用的软件以及各个软件的制作方法等进行多方面的讲解。本书最大的特点是没有对某个软件进行面面俱到的讲解而是强调以场景为中心，各软件、插件相互配合制作效果的方法，以便能够有效地帮助读者树立实战的概念，做到一看就懂、一学就会能起到立竿见影的效果；能在短时间内学会制作虚拟现实的效果图。

本书的配套光盘中附赠书中所有实例的图片素材、渲染文件以及 Max 场景文件，以方便读者随时调用进行学习和工作；同时每个实例场景都配有详细的视频讲解，以帮助读者降低学习难度，提高学习效率。

本书既可作为大专院校环境艺术设计、室内设计及相关专业的数码效果图制作课程的教材，也可供从事环境艺术设计及相关工作的设计人员参考，尤其适合作为自学室内设计人员的参考教程。

◆ 编　　著　刘　刚　丁　鸣　李慧芳
　　责任编辑　李永涛
　　责任印制　杨林杰

◆ 人民邮电出版社出版发行　　北京市丰台区成寿寺路 11 号
　　邮编　100164　电子邮件　315@ptpress.com.cn
　　网址　http://www.ptpress.com.cn
　　北京天宇星印刷厂印刷

◆ 开本：787×1092　1/16
　　印张：14.75
　　字数：367 千字　　　　　　　　　　2014 年 8 月第 1 版
　　印数：1 - 3 500 册　　　　　　　　2014 年 8 月北京第 1 次印刷

定价：69.00 元（附光盘）

读者服务热线：**(010)81055410**　印装质量热线：**(010)81055316**
反盗版热线：**(010)81055315**

关于本书

随着人们生活水平的不断提高，自身的居住要求也随之提高，除了居者有其房外，对"家"能体现自我风格的欲望也愈加强烈，现代室内设计也就应运而生。现代室内设计主要是根据居者所处建筑环境而运用空间功能设计、装饰与装修设计，同时还根据居者的文化信仰、心理性格、职业阅历、经济地位等，使室内环境在视觉和功能上能最大程度地满足居者的个性需要。

作为专业人员可以站在不同的角度去认识和学习现代室内设计。目前，国内外的室内设计大师们已经对现代室内设计有深入的理论研究，能科学地指导现代室内设计业的发展，正确地引导人们的生活理念。能将编者对现代室内设计的经验和教训无私地奉献给大家，尤其是虚拟效果图制作方面的经验，这是本书追求的宗旨。

内容和特点

本书从设计软件为零基础读者的角度出发，以全新的视角、经典的特效案例较详细地介绍了室内设计的各种风格制作技巧，并以具体的实例详细介绍了制作的流程。

本书的配套光盘中附赠书中所有实例的图片素材、渲染文件以及Max场景文件，以方便读者随时调用进行学习和工作。全书共分12章，前几章分别讲解了设计基础理论以及渲染插件和常用的模型制作；之后的每章都是以一个场景为实例。本书最大的特点是没有对某个软件进行面面俱到的讲解，而是强调以实例为中心，软件为设计效果服务。各软件相互配合制作室内虚拟效果的方法，以便能够有效地帮助读者树立实战的室内设计效果图制作的概念，避免了繁琐的软件单一功能逐个讲解，做到一看就懂、一学就会，能起到立竿见影的效果，在短时间内学会制作虚拟现实的效果图。

全书分为12章，主要内容简要介绍如下。

- 第1章：介绍室内设计基础知识。
- 第2章：主要讲解渲染插件VRay的渲染参数设置。
- 第3章：主要讲解常用室内模型的制作。
- 第4章：主要讲解现代简约客厅的制作。
- 第5章：主要讲解中式客厅的制作流程。
- 第6章：重点讲解中式书房的制作流程。
- 第7章：主要讲解午后厨房的制作流程。
- 第8章：主要讲解欧式客厅的制作方法及流程。
- 第9章：主要讲解夜间卫生间的制作。
- 第10章：主要讲解温馨儿童房的制作及流程。
- 第11章：主要讲解晨间餐厅的制作及流程。
- 第12章：主要讲解欧式卧室的制作及流程。

读者对象

本书既可作为大专院校环境艺术设计、室内设计及相关专业效果图制作课程的教材，也可供从事环境艺术设计及相关工作的设计人员参考，尤其适合作为自学室内设计人员的参考教程。

附盘内容及用法

本书所附光盘内容分为三部分。

一、场景素材

本书所有效果图场景相对应的素材都收录在"素材"文件夹中，读者可以调用和参考这些素材。

二、动画演示

本书所有场景的制作过程都录制成了WMV动画文件，并收录在附盘的"视频文件"文件夹中。

读者用Windows系统提供的"Windows Media Player"就可以播放WMV动画文件。单击【开始】/【所有程序】/【附件】/【娱乐】/【Windows Media Player】选项即可启动"Windows Media Player"。一般情况下，读者朋友只要双击某个动画文件即可观看。

播放动画文件前，请安装光盘根目录下的 tscc.exe插件。

三、Max场景文件

本书所有案例中的Max场景文件均保存在该文件夹，里面还包括一些场景的Max格式的模型文件，如沙发.max文件等，读者可以直接导入场景中。

本书由刘刚、丁鸣、李慧芳共同编写完成，在编写过程中得到了武汉三维空间电脑培训中心各教研室教师们的大力支持和帮助，在此表示真诚的感谢。

由于时间仓促，书中难免有疏漏之处，请读者谅解，并提出宝贵意见，以便修改提高。读者可通过电子邮件94076199@qq.com与我们交流。

作者

2014.4

目录 CONTENTS

>>>

第1章
室内设计那些事儿

近年来，国内房地产的高速发展为建筑装饰行业带来了难得的机遇。城市化进程的加快，住宅业的兴旺，国内外市场的进一步开放，各地基础建设和房地产业生机勃勃，方兴未艾。室内设计师也因此成为一个备受关注的职业，被媒体誉为"金色灰领职业"。由于我国室内设计专业人才的培养起步较晚，面对高速发展的行业，人才供应出现较大缺口。

本章将通过一些经典案例或照片来解析室内设计内容和原则，以及室内设计需要使用的一些常用软件，从而让读者对室内设计有一个基本的认识。

本章要点

- 室内设计的概念。
- 室内设计的内容。
- 室内设计相关软件介绍。
- 室内设计效果图制作流程。
- 本章小结以及需要注意的问题。

1.1 室内设计的概念

室内设计是根据建筑物的使用性质、所处环境和相应标准，运用物质技术手段和建筑设计原理，创造功能合理、舒适优美、满足人们物质和精神生活需要的室内环境，如图1-1所示。

这一空间环境既具有使用价值，满足相应的功能要求，同时也反映了历史文脉、建筑风格、环境气氛等精神因素。明确地把"创造满足人们物质和精神生活需要的室内环境"作为室内设计的目的。简单来说，就是将毛坯房设计成适合人们使用和生活的设计空间，如图1-2所示。

图1-1

图1-2

当我们提到室内设计时，会提到的还有空间、色彩、照明、功能等相关的重要术语。室内设计泛指能够实际在室内建立的任何相关物件，包括墙、窗户、窗帘、门、表面处理、材质、灯光、空调、水电、环境控制系统、视听设备、家具与装饰品的规划。

现代室内设计作为一门新兴的学科，尽管还只是近几十年的事，但是人们越来越追求个性，要求不断提高，不再有从众心理，这也就需要设计师要有开阔的设计思路和创新的设计理念。

1.2　室内设计的内容

室内设计是从建筑设计中的装饰部分演变出来的，它是对建筑物内部环境的再创造。室内设计可以分为公共建筑室内设计和居家室内设计两大类，分别如图1-3和图1-4所示。

图1-3　　　　　　　　　　　　　　　　　　　　图1-4

室内设计研究的对象简单说就是研究建筑内部空间的围合面及内含物。通常习惯把室内设计按以下几种标准进行划分。

（1）室内装修设计。主要是对建筑内部空间的6大界面，按照一定的设计要求，进行二次处理，也就是对通常所说的天花、墙面、地面的处理，以及分割空间的实体、半实体等内部界面的处理。在条件允许的情况下也可以对建筑界面本身进行处理。

（2）室内物理环境设计。这部分内容主要是对室内空间环境的质量以及调节的设计，主要是室内体感气候：采暖、通风、温度调节等方面的设计处理，是现代设计中极为重要的方面，也是体现设计的"以人为本"思想的组成部分。随着时代的发展，人工环境人性化的设计和营造就成为了衡量室内环境质量的标准。图1-5所示的卧室环境就充分考虑了灯光亮度和颜色对睡眠的影响。

（3）空间形象设计。是对建筑所提供的内部空间进行处理，对建筑所界定的内部空间进行二次处理，并以现有空间尺度为基础重新进行划定。在不违反基本原则和人体工学原则之下，重新阐释尺度和比例关系，并更好地对改造后空间的统一、对比和面线体的衔接问题予以解决。图1-6所示就是在原有的墙面基础上，根据客户的个人喜好，设计师设计出了极具设计感的主题空间。

图1-5　　　　　　　　　　　　　　　　　　　　图1-6

（4）室内陈设艺术设计。主要是对室内家具、设备、装饰织物、陈设艺术品、照明灯具、绿化等方面的设计处理，如图1-7所示。

图1-7

1.3 室内设计相关软件介绍

一、3ds Max

3D Studio Max，常简称为3ds Max或Max，是Discreet公司开发的（后被Autodesk公司合并）基于PC系统的三维动画渲染和制作软件。在室内设计过程中，使用3ds Max可以制作出3D模型，添加灯光和材质，使用自带的或者是外部渲染挂件制作出照片级的设计效果图。在Discreet 3ds Max 7后，正式更名为Autodesk 3ds Max，最新版本是3ds Max 2014。图1-8所示为3ds Max最新版本的启动界面。

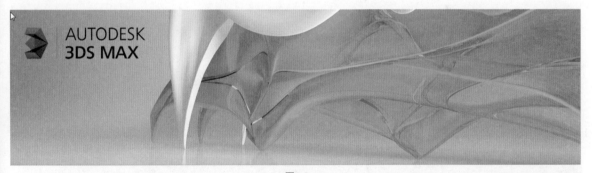

图1-8

二、VRay

Chaos Group公司推出的VRay，是目前业界最受欢迎的渲染引擎。基于VRay内核开发的有VRay for 3ds Max、VRay for Maya、VRay for SketchUp、VRay for Rhino等诸多版本，为不同领域的优秀3D建模软件提供了高质量的图片和动画渲染。除此之外，VRay也可以提供单独的渲染程序，方便使用者渲染各种图片，如图1-9所示。

三、Photoshop

Photoshop是Adobe公司旗下最为出名的图像处理软件之一。多数人对于Photoshop的了解仅限于"一个很好的图像编辑软件"，并不知道它的诸多应用方面，实际上，Photoshop的应用领域很广泛，在图像、图形、文字、视频、出版等各方面都有涉及。室内设计中常用Photoshop制作特殊材质以及处理渲染完成后的单帧效果图。Photoshop CS6的启动界面如图1-10所示。

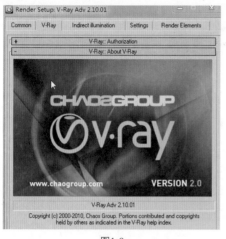

图1-9 图1-10

1.4 室内设计效果图制作流程

一张高品质的室内效果图的诞生是一个复杂的过程，我们可以大致的把它分成创建模型、制作材质、架设灯光相机、渲染图像以及后期处理5部分。

1.4.1 模型的创建

创建模型简称建模，就是使用3ds Max提供给我们的基本图形通过对其修改编辑最后创建出我们想要的造型的过程，如图1-11所示。

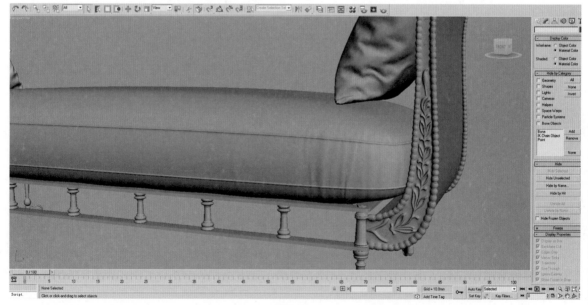

图1-11

1.4.2 材质的制作

材质的制作就是模型创建完成后，在模型表面赋予颜色以及材质纹理的过程，为模型添加材质后可以增加模型的质感和真实感。

简单地说材质就是物体看起来是什么质地。材质可以看成是材料和质感的结合。在渲染程序中，它是表面各可视属性的结合，这些可视属性是指表面的色彩、纹理、光滑度、透明度、反射率、折射率、发光度等。正是有了这些属性，才能让我们识别三维软件中的模型是什么做成的，如图1-12所示。

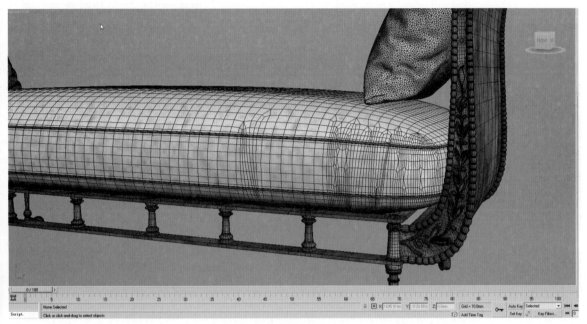

图1-12

1.4.3 创建灯光和摄像机

在场景制作完成后，如果我们想渲染出效果，需要为场景添加灯光，否则渲染的时候整个场景一片漆黑。灯光在整个场景中对于烘托整体气氛起着决定性的作用。

3ds Max为用户提供了丰富的视角，我们可以通过Max的摄像机模拟出真实的相机效果，同时为场景添加相机可以方便用户控制和管理场景，在相机视角看不到的地方可以使用简单模型或者不用创建模型，节约了电脑的使用内存，提高用户的工作效率，如图1-13所示。

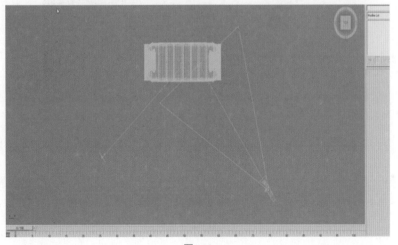

图1-13

1.4.4 渲染

渲染的英文单词是Render，我们可以把它理解为着色。通过渲染，可以获得真实的效果，如图1-14所示。

1.4.5 后期处理

渲染完成后，我们可以通过后期处理软件Photoshop对渲染出来的图像进行局部微调，使之看起来更清晰，饱和度更高，如图1-15所示。

图1-14

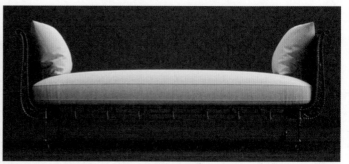

图1-15

1.5 本章小结

随着人们生活水平和质量的提高，室内设计已经成为家喻户晓的热门话题，这一现象的出现，是经济发展与生活提高的必然结果。但是如若没有清晰的设计意图，就盲目地进行家装设计，是难以获得良好效果的，往往还会造成花了不少钱，却买了个俗不可耐的结局，令人感到得不偿失和啼笑皆非。有了良好的创意，就有可能使家庭装修居于较高的水平，同时还可以有力地排斥那些华而不实、珠光宝气、比例混杂、尺度失调、章法紊乱、庸俗不堪的所谓"家装"，如图1-16所示。大量的实践证明，如果处理好了这个问题，就有可能节约客户的不少资金。

图1-16

优良的家装不仅可以提高人们的生活质量，还可以起到净化灵魂、陶冶情操的作用，这应是当今家装的一个具有时代性的特色，也是广大室内设计师一直追求的目标。

第2章
认识VRay渲染器

目前市场上有很多针对3ds Max的第三方渲染器插件，VRay就是其中比较出色的一款，主要用于渲染一些特殊的效果，如次表面散射、光迹追踪、焦散、全局照明等。VRay是一种结合了光线跟踪和光能传递的渲染器，其真实的光线计算创建专业的照明效果，可用于建筑设计、灯光设计、展示设计等多个领域。

本章主要讲解VRay渲染器的渲染面板，让读者对VRay渲染器有一个比较全面的认识，从而为以后的学习打好基础。

本章要点

- VRay渲染器指定。
- VRay帧缓存。
- VRay全局开关。
- VRay图像采样（抗锯齿）。
- VRay环境。
- VRay间接照明（全局光照）。
- VRay发光贴图。
- VRay灯光缓存。
- VRay颜色贴图。
- VRay准蒙特卡罗采样器。

目前世界上出色的渲染器很多，比如，Chaos Software公司的VRay、Cebas公司的Finalrender、Autodesk公司的Lightscape，还有运行在Maya上的Renderman等。这些渲染器各有所长，但VRay的灵活性、易用性更见长，并且VRay还有"焦散之王"的美誉。

VRay还包括了其他增强性能的特性，包括真实的3D Motion Blur（三维运动模糊）、Caustic（焦散），通过VRay材质的调节完成Sub-suface scattering（次表面散射）的sss效果和Network Distributed Rendering（网络分布式渲染）等。

VRay的特点是渲染速度快（比FinalRender的渲染速度平均快20%），目前很多制作公司使用它来制作建筑动画和效果图，就是看中了它速度快的优点。VRay渲染器有Basic Package和Advanced Package两种包装形式。Basic Package具有适当的功能和较低的价格，适合学生和业余艺术家使用。Advanced Package包含多种特殊功能，适用于专业人员使用。图2-1所示为CG艺术家Dan Roarty使用VRay制作出的作品。

图2-1

2.1　VRay渲染器指定

　　正确安装VRay渲染器后，如果我们想要使用VRay渲染场景，需要手动指定VRay渲染器为当前场景的渲染器，方法如下。

　　按下快捷键"F10"，打开渲染场景设置对话框，找到Assign Renderer【指定渲染器】面板，单击Production【产品级】后方的小方块，在弹出的Choose Renderer【选择渲染器】面板中，选择VRay渲染器，最后单击【OK】按钮完成指定，如图2-2所示。

图2-2

2.2　VRay帧缓存

　　【VRay帧缓存】选项卡如图2-3所示。

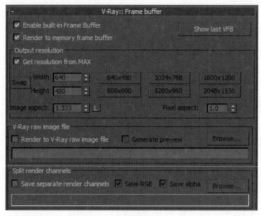

图2-3

　　（1）Enable built-in Frame Buffer【启用VRay内置的帧缓存】：勾选这个选项将使用VRay内置的帧缓存。当然Max自身的帧缓存仍然存在，也可以被创建，不过在这个选项勾选后，VRay渲染器不会渲染任何数据到Max自身的帧缓存窗口。为了防止过分占用系统内存，VRay推荐把Max的自身的分辨率设为一个比较小的值，并且关闭虚拟帧缓存，如图2-4所示。

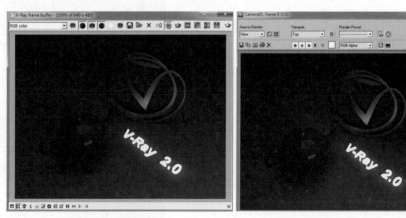

VRay frame buffer：on　　　　　　　　VRay frame buffer：off

图2-4

（2）Render to memory frame buffer【渲染到内存】：勾选的时候将创建VRay的帧缓存，并使用它来存储颜色数据以便在渲染时或者渲染后观察，如图2-5所示。注意：如果需要渲染很高分辨率的图像输出的时候，不要勾选它，否则它可能会大量占用系统的内存。此时的正确选择是使用下面的"渲染到图像文件"（Render to V-Ray raw image file）。

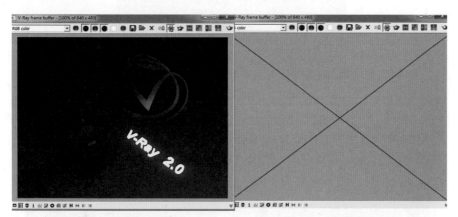

Render to memory frame buffer：on　　　　　Render to memory frame buffer：off

图2-5

（3）Get resolution from MAX【从3ds Max获得分辨率】：勾选这个选项的时候，VRay将使用设置的3ds Max的分辨率。如果取消勾选，VRay渲染器在渲染的时候将使用自身所设置的分辨率对场景进行渲染，如图2-6所示。

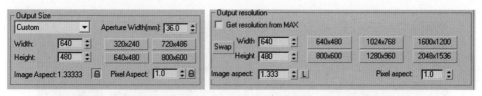

Get resolution from 3dsmax：on　　　　　Get resolution from 3dsmax：off

图2-6

（4）Show last VFB【显示上次渲染的VFB窗口】：单击这个按钮会显示上次渲染的VFB窗口。

（5）Render to V-Ray image file【渲染到VRay图像文件】：这个选项类似于3ds Max的渲染图像输出，不会在内存中保留任何数据。为了观察系统是如何渲染的，可以勾选下面的Generate preview选项。

（6）Generate preview：生成预览。

2.3 VRay全局开关

【VRay全局开关】选项卡如图2-7所示。

（1）Displacement【置换】：决定是否使用VRay自己的置换贴图。注意，这个选项不会影响3ds Max自身的置换贴图，如图2-8所示。

（2）Lights【灯光】：决定是否使用灯光。也就是说这个选项是VRay场景中的直接灯光的总开关，当然这里的灯光不包含Max场景的默认灯光。如果不勾选，系统不会渲染用户手动设置的任何灯光，即使这些灯光处于勾选状态，自动使用场景默认灯光渲染场景。所以，不希望渲染场景中的直接灯光的时候，只需取消勾选该选项和下面的默认灯光选项即可，如图2-9所示。

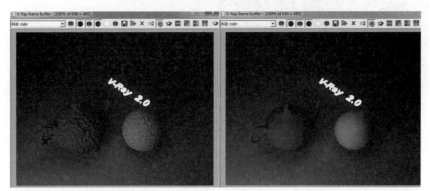

图2-7

图2-8

Displacement：on

Displacement：off

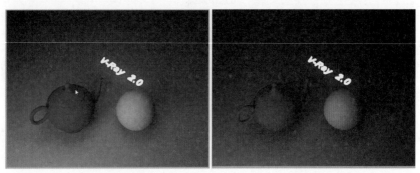

Default light：on

Default light：off

图2-9

（3）Shadows【阴影】：决定是否渲染灯光产生的阴影，如图2-10所示。

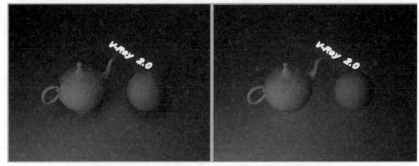

Shadows：on

Shadows：off

图2-10

（4）Hidden lights【隐藏灯光】：勾选时，系统会渲染隐藏的灯光效果而不会考虑灯光是否被隐藏。

（5）Show GI only【仅显示全局光】：勾选时，直接光照将不包含在最终渲染的图像中。但在计算全局光时，直接光照仍会被考虑，最后只显示间接光照效果，如图2-11所示。

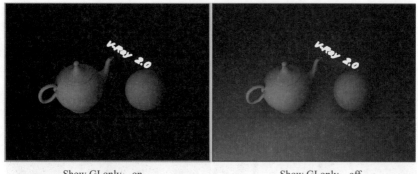

Show GI only：on Show GI only：off

图2-11

（6）Don't render final image【不渲染最终的图像】：勾选的时候，VRay只计算相应的全局光照贴图（光子贴图、灯光贴图和发光贴图），这对于渲染动画过程很有用。

（7）Reflection/refraction【反射/折射】：是否考虑计算VRay贴图或材质中的光线的反射/折射效果，如图2-12所示。

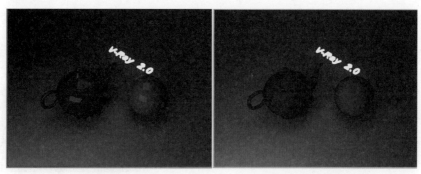

Reflection/refraction：on Reflection/refraction：off

图2-12

（8）Max depth【最大深度】：用于用户设置VRay贴图或材质中反射/折射的最大反弹次数。不勾选的时候，反射/折射的最大反弹次数使用材质/贴图的局部参数来控制；勾选的时候，所有的局部参数设置将会被它所取代。

（9）Maps【贴图】：是否使用纹理贴图，如图2-13所示。

Maps：on Maps：off

图2-13

（10）Filter maps【过滤器贴图】：是否使用纹理贴图过滤。

（11）Max transp . levels【最大透明程度】：控制透明物体被光线追踪的最大深度。

（12）Transp.cutoff【透明度中止】：控制对透明物体的追踪何时中止。如果光线透明度的累计低于这个设定的极限值，将会停止追踪。

（13）Override mtl【材质替代】：勾选这个选项的时候，允许用户通过使用后面的材质槽指定的材质来替代场景中所有物体的材质来进行渲染。这个选项在调节复杂场景的时候还是很有用处的，如图2-14所示。

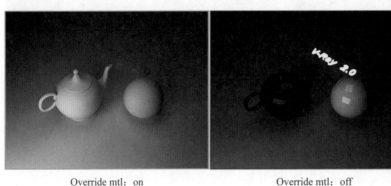

Override mtl：on   Override mtl：off

图2-14

（14）Secondary rays bias【二次光线偏置距离】：设置光线发生二次反弹的时候的偏置距离。

2.4　VRay图像采样（抗锯齿）

【VRay图像采样（抗锯齿）】选项卡如图2-15所示，在【Image sampler（图像采样）】标签下，单击Type【采样类型】后的三角形按钮会展开VRay的3种采样类型：Fixed【固定比例采样器】、Adaptive DMC【自适应QMC采样器】和Adaptive subdivision sampler【自适应细分采样器】。

图2-15

（1）Fixed【固定比率采样器】：这是VRay中最简单的采样器，对于每一个像素它使用一个固定数量的样本。它只有一个参数：Subdivis（细分），这个值确定每一个像素使用的样本数量，当取值为1时，意味着在每一个像素的中心使用一个样本；当取值大于1时，将按照低差异的蒙特卡罗序列来产生样本，如图2-16所示。

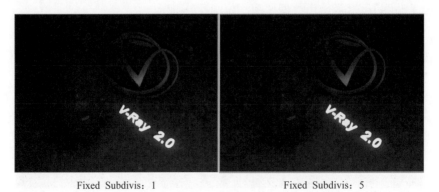

Fixed Subdivis：1   Fixed Subdivis：5

图2-16

（2）Adaptive QMC sampler【自适应QMC采样器】：这个采样器根据每个像素和它相邻像素的亮度差异产生不同数量的样本。值得注意的是，这个采样器与VRay的QMC采样器是相关联的，它没有自身的极限控制值，不过用户可以使用VRay的QMC采样器中的Noise threshold参数来控制品质。

● Min subdivis【最小细分】：定义每个像素使用的样本的最小数量。一般情况下，很少需要设置这个参数超过1，除非有一些细小的线条无法正确表现。

● Max subdivis【最大细分】：定义每个像素使用的样本的最大数量。

对于那些具有大量微小细节，如VRayFur【VRay毛发】物体，模糊效果（景深、运动模糊）的场景或物体，这个采样器是首选。它也比下面提到的自适应细分采样器占用的内存要少。

（3）Adaptive subdivision sampler【自适应细分采样器】：在没有VRay模糊特效（直接GI、景深、运动模糊等）的场景中，它是最好的首选采样器。平均下来，它使用较少的样本（这样就减少了渲染时间）就可以达到其他采样器使用较多样本所能够达到的品质和质量。但是，在具有大量细节或模糊特效的情形下会比其他两个采样器更慢，图像效果也更差，这一点一定要牢记。理所当然比起另两个采样器它也会占用更多的内存。

● Min. Rate【最小比率】：定义每个像素使用的样本的最小数量。值为0意味着一个像素使用一个样本，-1意味着每两个像素使用一个样本，-2则意味着每四个像素使用一个样本，依此类推。

● Max. Rate【最大比率】：定义每个像素使用的样本的最大数量。值为0意味着一个像素使用一个样本；1意味着每个像素使用4个样本；2则意味着每个像素使用8个样本，依此类推，如图2-17所示。

Adaptive QMC   Adaptive subdivision sampler

图2-17

（4）Antialiasing filter【抗锯齿过滤器】：主要是改善渲染出来的图片的边缘锯齿，VRay几乎支持所有Max内置的抗锯齿过滤器，单击下方的三角形按钮，可以看见VRay所有的抗锯齿过滤器。

一些常用的抗锯齿过滤器如下。

● None：关闭抗锯齿过滤器（常用于测试渲染）。

● Mitchell-Netravali：可得到较平滑的边缘（很常用的过滤器）。

● Catmull Rom：可得到非常锐利的边缘。

2.5　VRay环境

【VRay环境】选项卡如图2-18所示。

图2-18

（1）GI Environment（skylight）override【天光替代】：决定是否开启VRay的天光。

- On【开】勾选后将开启VRay的天光，如果Max的环境也开启的话此时将自动关闭。

- Multiplier【倍增值】控制天光的亮度，如图2-19所示。

Multiplier=1　　　　　　　　　　Multiplier=0.5

图2-19

- None【无】决定是否使用贴图控制天光。需要特别注意的是：一旦为其指定了贴图后，前面的颜色和亮度倍增值将失去意义，亮度和颜色受贴图控制。

（2）Reflection/refraction environment override【反射/折射环境替代】：决定是否使用VRay反射/折射环境替代Max自身的反射／折射环境。

- On【开】勾选后将开启VRay的反射环境，如果Max的环境也开启的话此时将自动关闭。

- Multiplier【倍增值】控制反射的强度，如图2-20所示。

Color=Black　　　　　　　　　　Color=Blue

图2-20

● None【无】决定是否使用贴图控制反射环境。需要特别注意的是：一旦为其指定了贴图后，前面的颜色和亮度倍增值将失去意义，亮度和颜色受贴图控制。

2.6 VRay间接照明（全局光照）

【VRay间接照明（全局光照）】选项卡如图2-21所示。

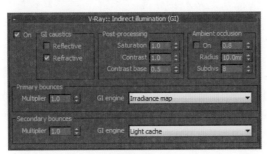

图2-21

（1）VRay：Indirect illumination（GI）【间接照明】。决定是否开启VRay渲染器的间接照明。On【开】勾选后将开启渲染器的间接照明，如图2-22所示。

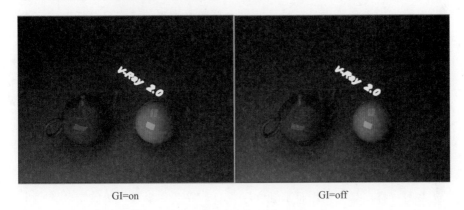

GI=on   GI=off

图2-22

（2）Primary bounces【初级漫射反弹选项组】：后面的1是Multiplier【倍增值】这个参数决定为最终渲染图像贡献多少初级漫射反弹。注意，默认的取值1.0可以得到一个很好的效果。其他数值也是允许的，但是没有默认值精确。

（3）Secondary bounces【次级漫射反弹选项组】：后面的1是Multiplier【倍增值】这个参数决定为最终渲染图像贡献多少初级漫射反弹。注意默认的取值1.0可以得到一个很好的效果。其他数值也是允许的，但是没有默认值精确。

（4）GI engine：Irradiance map【全局光引擎：发光贴图】：这个方法是基于发光缓存技术的，其基本思路是仅计算场景中某些特定点的间接照明，然后对剩余的点进行插值计算。

其优点如下。

● 发光贴图要远远快于直接计算，特别是具有大量平坦区域的场景。

● 相比直接计算来说其产生的内在的noise很少。

● 发光贴图可以被保存，也可以被调用，特别是在渲染相同场景的不同方向的图像或动画的过程中可以加快渲染速度。

● 发光贴图还可以加速从面积光源产生的直接漫反射灯光的计算。

其缺点如下。

- 由于采用了插值计算，间接照明的一些细节可能会被丢失或模糊。
- 如果参数设置过低，可能会导致渲染动画的过程中产生闪烁。
- 需要占用额外的内存。
- 运动模糊中运动物体的间接照明可能不是完全正确的，也可能会导致一些noise的产生（虽然在大多数情况下无法观察到）。

（5）GI engine：Light cache【全局光引擎：灯光缓存】：是一种近似于场景中全局光照明的技术，与光子贴图类似，但是没有其他的许多局限性。灯光贴图是建立在追踪从摄像机可见的许许多多的光线路径的基础上的，每一次沿路径的光线反弹都会储存照明信息，它们组成了一个3D的结构，这一点非常类似于光子贴图。灯光贴图是一种通用的全局光解决方案，广泛地用于室内和室外场景的渲染计算。它可以直接使用，也可以被用于使用发光贴图或直接计算时的光线二次反弹计算。

其优点如下。

- 灯光贴图很容易设置，我们只需要追踪摄像机可见的光线。这一点与光子贴图相反，后者需要处理场景中的每一盏灯光，通常对每一盏灯光还需要单独设置参数。
- 灯光贴图的灯光类型没有局限性，几乎支持所有类型的灯光（包括天光、自发光、非物理光、光度学灯光等等，当然前提是这些灯光类型被VRay渲染器支持）。与此相比，光子贴图在再生灯光特效的时候会有限制，例如光子贴图无法再生天光或不使用反向的平方衰减形式的Max标准Omni灯的照明。
- 灯光贴图对于细小物体的周边和角落可以产生正确的效果。另外，光子贴图在这种情况下会产生错误的结果，这些区域不是太暗就是太亮。
- 在大多数情况下，灯光贴图可以直接快速平滑的显示场景中灯光的预览效果。

其缺点如下。

- 和发光贴图一样，灯光贴图也是独立于视口，并且在摄像机的特定位置产生的，它为间接可见的部分场景产生了一个近似值。例如在一个封闭的房间里面使用一个灯光贴图就可以近似完全的计算GI。
- 目前灯光贴图仅仅支持VRay的材质。
- 和光子贴图一样，灯光贴图也不能自适应，发光贴图则可以计算用户定义的固定的分辨率。
- 灯光贴图对Bump贴图类型支持不够好，如果你想使用Bump贴图来达到一个好的效果的话，请选用发光贴图或直接计算GI类型。
- 灯光贴图也不能完全正确计算运动模糊中的运动物体，由于灯光贴图及时模糊GI所以会显得非常光滑。

一般情况下我们可以将一次反弹设置为Irradiance map【发光贴图】二次反弹设置为Light cache【灯光缓存】，这样可以获得较快的渲染速度和较好的渲染质量。

2.7　VRay发光贴图

【VRay发光贴图】选项卡如图2-23所示。

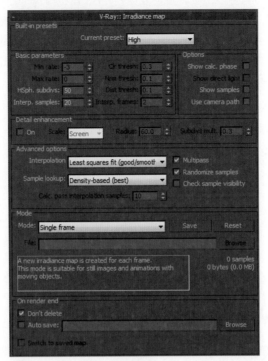

图2-23

Irradiance map【发光贴图】方法是基于发光缓存技术的。

（1）Current presets【当前预设模式】：系统提供了8种系统预设的模式供你选择，如无特殊情况，这几种模式应该可以满足一般需求。

- Very Low【非常低】：这个预设模式仅仅对预览目的有用，只表现场景中的普通照明。

- Low【低】：一种低品质的用于预览的预设模式。

- Medium【中等】：一种中等品质的预设模式，如果场景中不需要太多的细节，大多数情况下可以产生较好的效果。

- Medium animation【中等品质动画】：一种中等品质的预设动画模式，目标就是减少动画中的闪烁。

- High【高】：一种高品质的预设模式，可以应用在最多的情形下，即使是具有大量细节的动画。

- High animation【高品质动画】：主要用于解决High预设模式下渲染动画闪烁的问题。

- Very High【非常高】：一种极高品质的预设模式，一般用于有大量极细小的细节或极复杂的场景。

- Custom【自定义】：选择这个模式你可以根据自己的需要设置不同的参数，这也是默认的选项。

（2）Basic parameters【基本参数】：在这个选项栏下可以让用户精确控制VRay采样的随机变化以及其他功能，具体如下。

- Min rate【最小比率】：这个参数确定GI首次传递的分辨率。0意味着使用与最终渲染图像相同的分辨率，这将使得发光贴图类似于直接计算GI的方法，-1意味着使用最终渲染图像一半的分辨率。通常需要设置它为负值，以便快速地计算大而平坦的区域的GI，这个参数类似于（尽管不完全一样）自适应细分图像采样器的最小比率参数。

- Max rate【最大比率】：这个参数确定GI传递的最终分辨率，类似于（尽管不完全一样）自适应细分图像采样器的最大比率参数。

- HSph. Subdivs【半球细分】：Hemisphere subdivs的简写，这个参数决定单独的GI样本的品质。较小的取值可以获得较快的速度，但是也可能产生黑斑，较高的取值可以得到平滑的图像。它类似于直接计算的细分参数。

　　它并不代表被追踪光线的实际数量，光线的实际数量接近于这个参数的平方值，并受QMC采样器相关参数的控制。

- Interp. Samples【差值采样】：Interpolation Samples的简写，插值的样本，定义被用于插值计算的GI样本的数量。较大的值会趋向于模糊GI的细节，虽然最终的效果很光滑，较小的取值会产生更光滑的细节，但是也可能产生黑斑，如图2-24所示。

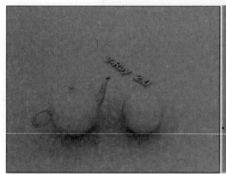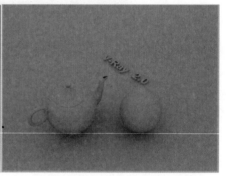

HSph. Subdivs=20 Interp. Samples=10　　　　HSph. Subdivs=50 Interp. Samples=40

图2-24

（3）On render end【在渲染以后】：在这个选项栏下可以让用户控制VRay渲染后对于光子文件的一些操作。

- Don't delete【不删除】：这个选项默认是勾选的，意味着发光贴图将保存在内存中直到下一次渲染前，如果不勾选，VRay会在渲染任务完成后删除内存中的发光贴图。

- Auto save【自动保存】：如果勾选这个选项，在渲染结束后，VRay将发光贴图文件自动保存到用户指定的目录。如果你希望在网络渲染的时候每一个渲染服务器都使用同样的发光贴图，这个功能尤其有用。

- Switch to saved map【切换到保存的贴图】：这个选项只有在自动保存勾选的时候才能被激活，勾选的时候，VRay渲染器也会自动设置发光贴图为"从文件"模式。

2.8　VRay灯光缓存

【VRay灯光缓存】选项卡如图2-25所示。

（1）Subdivs【细分】：确定有多少条来自摄像机的路径被追踪。需要注意的是，实际路径的数量是这个参数的平方值，例如这个参数设置为2000，那么被追踪的路径数量将是2000×2000 = 4000000。

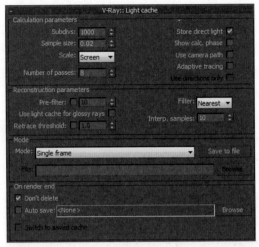

图2-25

（2）Sample size【样本尺寸】：决定灯光贴图中样本的间隔。较小的值意味着样本之间相互距离较近，灯光贴图将保护灯光锐利的细节，不过会导致产生噪波，并且占用较多的内存，反之亦然。根据灯光贴图"Scale"模式的不同，这个参数可以使用世界单位，也可以使用相对图像的尺寸。

（3）Scale【比例】：有两种选择，主要用于确定样本尺寸和过滤器尺寸。

- Screen【场景比例】：这个比例是按照最终渲染图像的尺寸来确定的，取值为1.0意味着样本比例和整个图像一样大，靠近摄像机的样本比较小，而远离摄像机的样本则比较大。注意这个比例不依赖于图像分辨率，这个参数适合于静帧场景和每一帧都需要计算灯光贴图的动画场景。

- World【世界单位】：这个选项意味着在场景中的任何一个地方都使用固定的世界单位，也会影响样本的品质——靠近摄像机的样本会被经常采样，也会显得更平滑，反之亦然。当渲染摄像机动画时，使用这个参数可能会产生更好的效果，因为它会在场景的任何地方强制使用恒定的样本密度。

（4）Mode【模式】：确定灯光贴图的渲染模式。

- Single frame【单帧】：意味着对动画中的每一帧都计算新的灯光贴图。

- Fly-through【飞行】：使用这个模式将意味着对整个摄像机动画计算一个灯光贴图，仅仅只有激活时间段的摄像机运动被考虑在内，此时建议使用世界比例，灯光贴图只在渲染开始的第一帧被计算，并在后面的帧中被反复使用而不会被修改。

- From file【从文件】：在这种模式下灯光贴图可以作为一个文件被导入。注意，灯光贴图中不包含预过滤器，预过滤的过程在灯光贴图被导入后才完成，所以你能调节它而不需要验算灯光贴图。

关于使用灯光贴图的注意事项：在使用灯光贴图的时候不要将QMC采样器卷展栏中的"Adaptation by importance amount"参数设为0，否则会导致额外的渲染时间；不要给场景中大多数物体指定纯白或接近纯白的材质，这也会增加渲染时间，原因在于场景中的反射光线会逐渐减少，导致灯光贴图追踪的路径渐渐变长。基于此，同时也要避免将材质色彩的RGB值中的任何一个设置在255或以上值。

目前，灯光贴图仅支持VRay自带的材质，使用其他材质将无法产生间接照明，不过你可以使用标准的自发光材质来作为间接照明的光源。

在动画中使用灯光贴图的时候，为避免出现闪烁，需要设置过滤器尺寸为一个足够大的值。

在初级反弹和次级反弹中计算灯光贴图是不一样的，所以不要将在一个模式下计算的灯光贴图调用到另一个模式下使用，否则会增加渲染时间或者降低图像品质。

2.9　VRay颜色贴图

【VRay颜色贴图】选项卡如图2-26所示。

图2-26

（1）Type【类型】定义色彩转换使用的类型，单击右侧的小三角形会出现很多种曝光类型，具体如下。

- Linear multiply【线性倍增】：这种模式将基于最终图像色彩的亮度来进行简单的倍增，那些太亮的颜色成分（在1.0或255之上）将会被钳制。但是这种模式可能会导致靠近光源的点过分明亮。
- Exponential【指数倍增】：这个模式将基于亮度来使之更饱和，这对预防非常明亮的区域（例如光源的周围区域等）曝光是很有用的。这种模式不钳制颜色范围，而是代之以让它们更饱和。
- HSV exponential【HSV指数】：与上面提到的指数模式非常相似，但是它会保护色彩的色调和饱和度。
- Gamma correction【伽马修正】：是1.46版后出现的新的色彩贴图类型。

（2）Dark multiplier【暗的倍增】：在线性倍增模式下，控制暗的色彩的倍增。

（3）Bright multiplier【亮的倍增】：在线性倍增模式下，控制亮的色彩的倍增。

（4）Affect background【影响背景】：在勾选的时候，当前的色彩贴图控制会影响背景颜色。

2.10　VRay准蒙特卡罗采样器

【VRay准蒙特卡罗采样器】选项卡如图2-27所示。

图2-27

所谓QMC，实际是Quasi Monte Carlo的缩写，也就是前面曾经提到过的准蒙特卡罗采样器。它可以说是VRay的核心，贯穿于VRay的每一种"模糊"评估中——抗锯齿、景深、间接照明、面积灯光、模糊反射/折射、半透明、运动模糊等。QMC采样一般用于确定获取什么样的样本，最终哪些样本被光线追踪。

- Adaptive amount【自适应数量】：控制早期终止应用的范围，值为1.0意味着在早期终止算法被使用之前被使用的最小可能的样本数量，值为0则意味着早期终止不会被使用。

- Min samples【最小样本数】：确定在早期终止算法被使用之前必须获得的最少的样本数量。较高的取值将会减慢渲染速度，但会使早期终止算法更可靠。

- Noise threshold【噪波阈值】：在评估一种模糊效果是否足够好的时候，控制VRay的判断能力，在最后的结果中直接转化为噪波。较小的取值意味着较少的噪波，使用更多的样本以及更好的图像品质。

- Global subdivs multiplier【全局细分倍增】：在渲染过程中这个选项会倍增任何地方任何参数的细分值。你可以使用这个参数来快速增加/减少任何地方的采样品质。

在使用QMC采样器的过程中，你可以将它作为全局的采样品质控制，尤其是早期终止参数：获得较低的品质，你可以增加Amount或者增加Noise threshold抑或是减小Min samples，反之亦然。这些控制会影响到GI、平滑反射/折射、面积光等。色彩贴图模式也影响渲染时间和采样品质，因为VRay是基于最终的图像效果来分派样本的。

2.11 本章小结

对于刚接触VRay渲染器的用户来说，第一次接触到这么多专业术语，可能在理解上会有一定的困难，其实，在这些参数中，很多的调节选项只需要保持默认就可以了，大家可以在以后的渲染实例中通过例子来理解它们，只有这样才能比较深刻地理解它们的真正含义。

第3章
打好基础——室内常用模型的制作

3ds Max的命令繁多，即使是非常熟练3ds Max操作的人也不敢说对3ds Max的命令都了解，这就需要我们在学习的时候抓住重点。在室内建模的学习过程中，我们通过一些室内常用模型的制作让读者对这些重点命令反复演练，从而达到熟能生巧、举一反三的目的。

本章主要讲解室内常用模型的制作方法，通过实例使读者能够熟练掌握常用的建模命令。本章模型的制作思路是由基础的二维样条线（Spline）建模到复合建模（Compound Objects），最后到多边形（Poly）建模，由浅入深，便于读者更好地学习。

本章要点

- 床头柜的制作。
- 现代床的制作。
- 抱枕的制作。
- 旋转楼梯的制作。
- 液晶显示器的制作。
- 软包椅子的制作。

3.1 床头柜的制作

3.1.1 建模前的准备工作

在正式创建模型之前，首先应对3ds Max的单位进行设置，正确的工作习惯可以很大程度地提高工作效率。打开3ds Max软件，执行菜单栏中的【Customize】（自定义）/【Units Setup】（单位设置）命令，在弹出的单位设置对话框中，将【System Unit Setup】（系统单位设置）和【Display Unit Scale】同时设置为：millimeter（毫米），如图3-1所示。

图3-1

> **提示**
>
> 关于单位设置的问题，应用的领域不同方向不同，单位设置的精度也不一致。在室内设计领域，我们一般将单位设置为"毫米"就可以了；在一些建筑漫游动画的制作过程中，由于室外场景很大，很多的设计公司习惯于将单位设置为"厘米"，单位的设置是需要根据实际的项目要求确定的。

3.1.2 顶部的制作

步骤01 单击命令面板中 【Shapes】（形状图形）下方的 Rectangle （矩形）按钮，在视图区的

【Top】视图中创建一个【Length】（长度）为350mm，【Width】（宽度）为400mm，【Conner Radius】（圆角半径）为10mm的矩形，如图3-2所示。

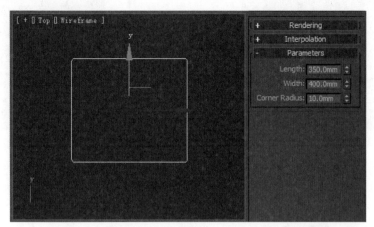

图3-2

步骤02 单击命令面板中的 【Modify】（修改）按钮，单击 Modifier List （修改器列表），为矩形添加一个【Bevel】（倒角）修改器，将倒角的【Level1】的【Height】（高度）设置为5mm，将【Outline】（轮廓偏移）设置为4mm；将倒角的【Level2】的【Height】（高度）设置为5mm，将【Outline】（轮廓偏移）设置为0mm；将倒角的【Level3】的【Height】（高度）设置为5mm，将【Outline】（轮廓偏移）设置为-5mm；将其命名为"顶01"，如图3-3所示。

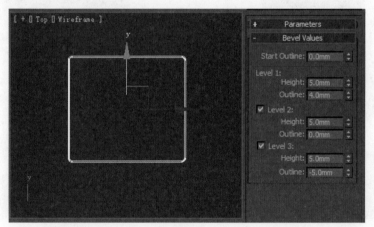

图3-3

> **提 示**
>
> 3ds Max的修改器列表中有很多的修改器，我们可以通过按下某个修改器的英文名称的首字母键快速找到该修改器，这样可以极大地方便我们操作和提高工作效率。

步骤03 选中矩形01，在【Front】视图中按住"Shift"键向下复制一个，在弹出的【Clone Option】（复制选项）中选择【Copy】（复制方式），如图3-4所示。

步骤04 单击修改面板，修改矩形02的参数，倒角的【Level1】的【Height】（高度）设置为5mm，将【Outline】（轮廓偏移）设置为-3mm；将倒角的【Level2】的【Height】（高度）设置为5mm，将【Outline】（轮廓偏移）设置为0mm；将倒角的【Level3】的【Height】（高度）设置为5mm，将【Outline】（轮廓偏移）设置为-5mm，如图3-5所示。

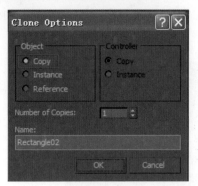

图3-4   图3-5

步骤05 在【Front】视图中，选中矩形02，单击工具栏中的 （镜像）按钮，在弹出的对话框中【Mirror Axis】（镜像轴向）选择y轴；【Clone Selection】（复制方式）选择【No Clone】（不复制），如图3-6所示。

步骤06 单击工具栏中的 📇（对齐）按钮，在【Front】视图中将矩形02与矩形01对齐，在弹出的对话框中，选择y轴，【Current Object】（当前对象）设置为【Maximum】（最大），【Target Object】设置为（目标对象）【Minimum】（最小），将两部分使用【Group】命令组合在一起，命名为"顶部"，如图3-7所示。

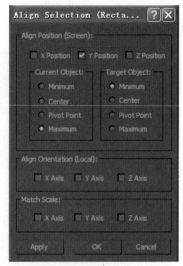

图3-6   图3-7

3.1.3 两侧立板的制作

步骤01 在【Front】视图中绘制一个【Rectangle】（矩形），修改其参数【Length】（长度）为351mm，【Width】（宽度）为40mm，单击修改器列表，为矩形添加一个【Bevel】（倒角）修改器，将倒角的【Level1】的【Height】（高度）设置为1mm，将【Outline】（轮廓偏移）设置为2mm；将倒角的【Level2】的【Height】（高度）设置为330mm，将【Outline】（轮廓偏移）设置为0mm；将倒角的【Level3】的【Height】（高度）设置为2mm，将【Outline】（轮廓偏移）设置为-2mm，命名为"立板01"，如图3-8所示。

步骤02 在【Front】视图中，单击工具栏中的 🔲（捕捉）按钮，将其修改为三维捕捉，并将其捕捉类型设置为【Vertex】（点），在视图中将A点捕捉到B点，如图3-9所示。

| 图3-8 | 图3-9 |

步骤03 将"立板01"使用移动复制（按住"Shift"键的同时拖动某个轴向）向右移动一个，将其捕捉到右侧，命名为"立板02"，如图3-10所示，效果如图3-11所示。

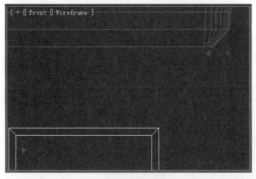

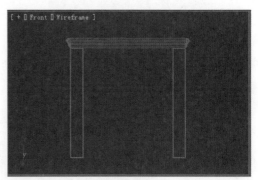

| 图3-10 | 图3-11 |

3.1.4 抽屉的制作

步骤01 在【Front】视图中绘制一个【Rectangle】（矩形），修改其参数【Length】（长度）为75mm，【Width】（宽度）为296mm，单击修改器列表，为矩形添加一个【Bevel】（倒角）修改器，将倒角的【Level1】的【Height】（高度）设置为1mm，将【Outline】（轮廓偏移）设置为0mm；将倒角的【Level2】的【Height】（高度）设置为1mm，将【Outline】（轮廓偏移）设置为-3mm，如图3-12所示。

步骤02 单击工具栏捕捉工具，使用三维捕捉，在【Front】视图中将C点捕捉到D点，如图3-13所示。

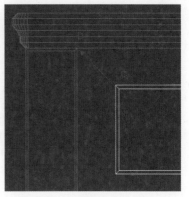

| 图3-12 | 图3-13 |

步骤03 在【Front】视图中绘制一个矩形，修改其参数【Length】（长度）为140mm，【Width】（宽度）为296mm，再绘制一个矩形，修改其参数【Length】（长度）为100mm，【Width】（宽度）为205mm，选中小矩形，使用对齐命令，将小矩形与大矩形对齐，如图3-14所示。

步骤04 选择任意一个矩形，右键单击视图，执行【Conver To: Conver to Editable Spline】（转化为：转化为可编辑样条线）命令，再次右键单击视图区，执行【Attach】（附加）命令将另一个矩形附加在一起，使之成为一个整体，如图3-15所示。

图3-14

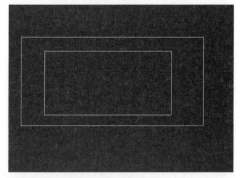

图3-15

步骤05 进入Spline（样条线）级别，选中中间的小矩形，执行【Editable Spline】（可编辑样条线）【Geometry】（几何体）面板下方的【Detach】（分离）命令，特别注意，在分离之前需要勾选【Copy】选项，如图3-16所示。

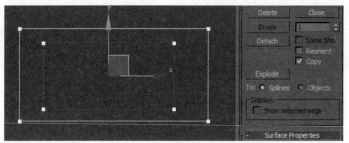

图3-16

步骤06 在【Front】视图中框选分离后得到的两个样条线，单击修改器列表，为矩形添加一个【Bevel】（倒角）修改器，将倒角的【Level1】的【Height】（高度）设置为1mm，将【Outline】（轮廓偏移）设置为0mm；将倒角的【Level2】的【Height】（高度）设置为1mm，将【Outline】（轮廓偏移）设置为-3mm，将其组合在一起，命名为"抽屉"，如图3-17所示。

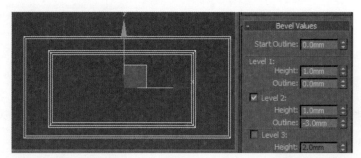

图3-17

步骤07 单击工具栏捕捉工具，使用三维捕捉，在【Front】视图中将E点捕捉到F点，如图3-18所示。

步骤08 将"抽屉"使用移动复制（按住"Shift"键的同时拖动某个轴向）向下复制一个，将G点捕捉到H点，如图3-19所示。

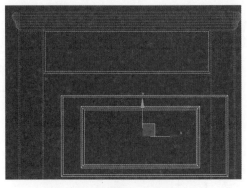
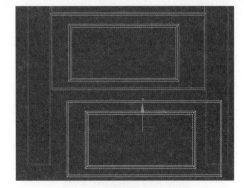

图3-18   图3-19

步骤09 在【Front】视图中绘制一个【Circle】(圆),将其【Radius】(半径)修改为10,在修改面板为其添加一个【Bevel】(倒角)修改器,将倒角的【Level1】的【Height】(高度)设置为1mm,将【Outline】(轮廓偏移)设置为0mm;将倒角的【Level2】的【Height】(高度)设置为1mm,将【Outline】(轮廓偏移)设置为-3mm。使用缩放复制的方法复制一个,调整其位置,将两部分组合在一起,命名为"拉手",在【Top】视图中对齐"抽屉",复制出另一个拉手,调整好位置,如图3-20所示。

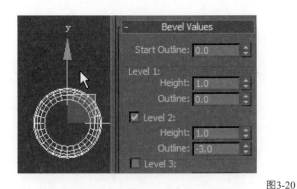
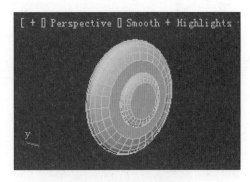

图3-20

步骤10 在【Front】视图中,选中两块立板,按下键盘上的组合快捷键"Alt+Q"(孤立模式),使用三维捕捉I、J两点绘制一个矩形,如图3-21所示。在修改面板为其添加一个【Bevel】(倒角)修改器,将倒角的Level1的【Height】(高度)设置为1mm,将【Outline】(轮廓偏移)设置为0mm;将倒角的Level2的【Height】(高度)设置为1mm,将【Outline】(轮廓偏移)设置为-3mm。在Top视图中将其捕捉至立板顶点,命名为"后背",如图3-22所示。

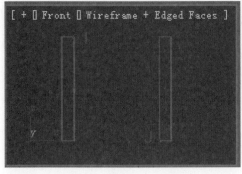
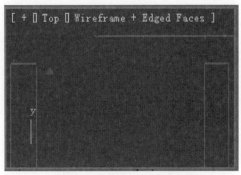

图3-21   图3-22

3.1.5 底座和柜脚的制作

步骤01　在【Front】视图中选中"顶部"，使用镜像复制的方法复制一个顶部，在弹出的镜像对话框中，选择y轴镜像，激活Copy（复制）选项，如图3-23所示。使用对齐命令，将其对齐立板，在弹出的对齐对话框中，选择y轴对齐，【Current Object】（当前对象）设置为【Maximum】（最大），【Target Object】（目标对象）设置为【Minimum】（最小），命名为"底座"，如图3-24所示。

图3-23　　　　　　　　　　　　　　　　　　图3-24

步骤02　在【Front】视图中，使用Line（线）绘制如图3-25所示的造型，为其添加一个Lathe（车削）修改器，在车削修改器的参数面板中，Direct（方向）选择y轴，Align（对齐）选择Min（最小），命名为"柜脚"，如图3-26所示。

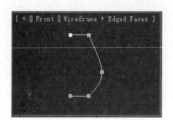

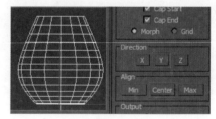

图3-25　　　　　　　　　　　　　　　　　　图3-26

步骤03　在【Front】视图中将柜脚对齐"底座"，在弹出的对齐对话框中，选择y轴对齐，【Current Object】（当前对象）设置为【Maximum】（最大），【Target Object】（目标对象）设置为【Minimum】（最小），如图3-27所示。并在【Top】视图中复制出3个，将其放置在"底座"的四个角上，如图3-28所示。

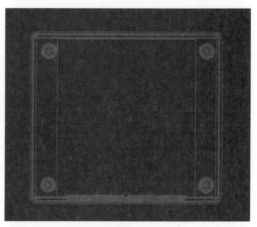

图3-27　　　　　　　　　　　　　　　　　　图3-28

3.1.6 雕花的制作

在【Front】视图中绘制如图3-29所示的样条线，调整好造型后镜像复制出另外半边，在其修改面板的【Rendering】（可渲染）子面板中勾选Enable In Render（在渲染时启用）和Enable In Viewport（在视图中启用），修改Radial（半径）的Thickness（粗细）值为8，在【Top】视图中将其对齐好位置，如图3-30所示。

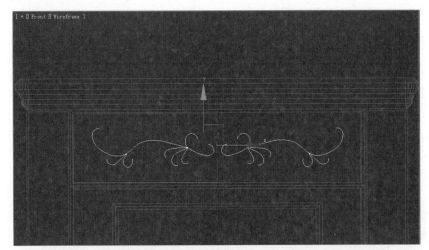

图3-29

图3-30

最终效果如图3-31所示。

图3-31

3.2　现代床的制作

3.2.1　建模前的准备工作

打开3ds Max软件，执行菜单栏中的【Customize】（自定义）/【Units Setup】（单位设置）命令，在弹出的单位设置对话框中，将【System Unit Setup】（系统单位设置）我命令和【Display Unit Scale】同时设置为millimeter（毫米）。

3.2.2　床板的制作

在【Top】视图中绘制一个Box，单击修改面板，修改其【Length】（长度）为2200mm；【Width】（宽度）为1800mm；【Height】（高度）为220mm，命名为"床板"，如图3-32所示。

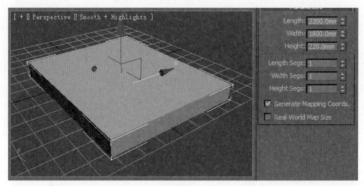

图3-32

3.2.3　床垫的制作

步骤01　在【Top】视图中绘制一个Rectangle（矩形），单击修改面板，修改其【Length】（长度）为2200mm，【Width】（宽度）为1800mm。

步骤02　在【Top】视图中再绘制一个Rectangle（矩形），单击修改面板，修改其【Length】（长度）为110mm，【Width】（宽度）为20mm。在【Top】视图中绘制一个Ellipse（椭圆），单击修改面板，修改其【Length】（长度）为20mm，【Width】（宽度）为10mm。调整其位置，如图3-33所示。

步骤03　选中矩形，右键单击视图，执行【Conver To: Conver to Editable Spline】（转化为：转化为可编辑样条线）命令，再次右键单击视图区，执行【Attach】（附加）命令将另外的两个椭圆附加在一起，使之成为一个整体，如图3-34所示。

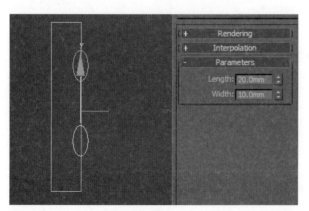

图3-33

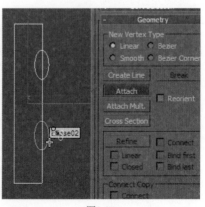

图3-34

步骤04 进入样条线子对象层级，选中矩形，执行【Geometry】（几何体）面板下方的Boolean（布尔运算）命令，运算方式为并集，如图3-35所示。然后进入（Segments）线段子对象层级，选中左侧的边，删除，如图3-36所示。

步骤05 在【Top】视图中选中大矩形，在修改面板中为其添加一个【Bevel Profile】（倒角坡面）修改器，单击倒角坡面修改器参数面板下方的"Pick profile"（拾取坡面）选项，最后单击视图中绘制的造型，命名为"床垫01"，如图3-37所示。

图3-35

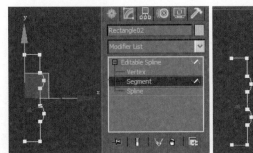 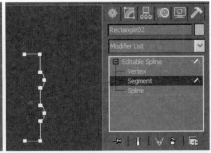

图3-36

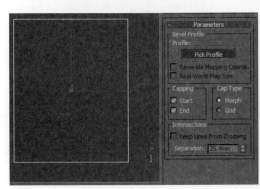 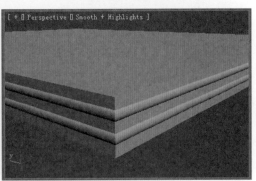

图3-37

步骤06 在【Front】视图中选中"床垫01"，使用主工具栏中的"对齐"命令，将其对齐"床板"，在弹出的对齐对话框中，对齐两次，第一次对齐选择x、y、z轴对齐，【Current Object】（当前对象）设置为【Center】（中心），【Target Object】（目标对象）设置为【Center】（中心），如图3-38所示。第二次对齐选择y轴对齐，【Current Object】（当前对象）设置为【Minimum】（最小），【Target Object】（目标对象）设置为【Maximum】（最大），如图3-39所示。

图3-38   图3-39

步骤07　在【Top】视图中绘制一个Chamferbox（切角长方体），在修改面板修改参数【Length】（长度）为2200mm，【Width】（宽度）为1800mm，【Height】（高度）为200mm，【Fillet】（圆角值）为30mm，命名为"床垫02"，如图3-40所示。

图3-40

步骤08　在Front视图中选中"床垫02"，使用主工具栏中的"对齐"命令，将其对齐"床垫01"，在弹出的对齐对话框中，对齐两次，第一次对齐选择x、y、z轴对齐，【Current Object】（当前对象）设置为【Center】（中心），【Target Object】（目标对象）设置为【Center】（中心），如图3-41所示。第二次对齐选择y轴对齐，【Current Object】（当前对象）设置为【Minimum】（最小），【Target Object】（目标对象）设置为【Maximun】（最大），如图3-42所示。

图3-41

图3-42

3.2.4　床单的制作

步骤01　在几何体创建面板的下拉子面板中，选择【NURBS Surfaces】（NURBS 曲面），选择"CV Surf"命名，如图3-43所示。在【Top】视图中创建一个CV曲面，在"Create Parameters"（创建参数）面板中修改【Length】（长度）为2400mm，【Width】（宽度）为2000mm，【Length CVs】（长度分段）为15，【Width CVs】宽度分段为15，命名为"床单"，如图3-44所示。

图3-43

图3-44

步骤02　在【Top】视图中调整一下位置，然后在【Front】视图中，将其拖动到"床垫02"的上方，如图3-45所示。

步骤03　在【Top】视图中选中"床单"，在修改面板进入其"Surface CV"（曲面点）级别，如图3-46所示。

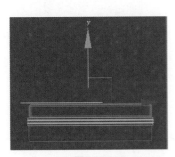
图3-45

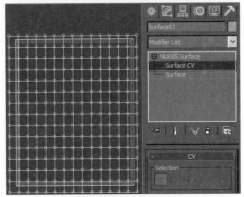
图3-46

步骤04 在【Top】视图中，选择左边的边，依次隔点选点，如图3-47所示。

步骤05 在【Front】视图中沿着y轴往下拖动，如图3-48所示。然后微调其造型，效果如图3-49所示。

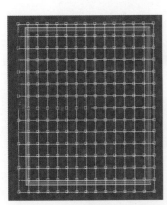
图3-47

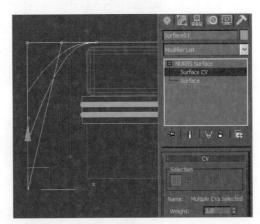
图3-48

步骤06 其他三边的调节方法一致，注意尽量让拉出来的效果避免太规则，做出一个比较随意的下拉效果。床单的最终效果如图3-50所示。

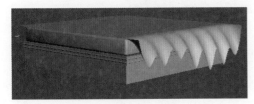
图3-49

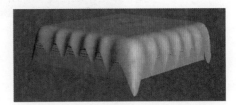
图3-50

3.2.5 床背的制作

步骤01 在【Front】视图中绘制一个Chamferbox（切角长方体），在修改面板修改参数【Length】（长度）为750mm，【Width】（宽度）为1800mm，【Height】（高度）为100mm，【Fillet】（圆角值）为10mm，【Length Segs】（长度分段）为15，【Width】（宽度分段）为15，【Height Segs】（高度分段）为15，【Fillet Segs】（圆角分段）为3，命名为"床背"，如图3-51所示。

步骤02 在【Front】视图中将"床背"调整好位置，在修改面板中为其添加一个"FFD 4×4×4"（变现修改器），进入FFD变现修改器的"Control Points"（控制点）子对象层级，如图3-52所示，选中如图3-53所示的控制点，沿着y轴将其向上拖动，最终效果如图3-54所示。

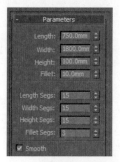

图3-51

图3-52

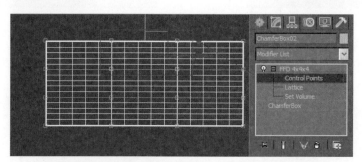

图3-53

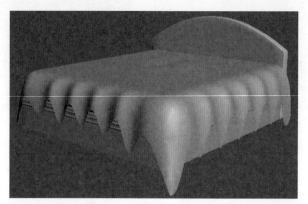

图3-54

3.2.6 栏杆的制作

步骤01 在【Front】视图中以"床背"为参考绘制一个Arc（圆弧），命名为"路径01"，如图3-55所示。

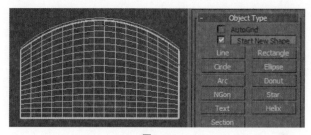

图3-55

步骤02 在【Front】视图中绘制Rectangle（矩形），修改【Length】（长度）为50mm，【Width】（宽度）为35mm，绘制一个Circle（圆），修改其Radius（半径）为3mm，继续绘制一个Circle（圆），修改其Radius（半径）为4mm，调整并复制三个图形的位置，如图3-56所示。

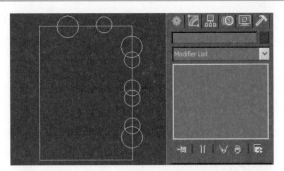

图3-56

步骤03 选择矩形，右键单击视图，将其转化为可编辑的样条线，再次右键单击视图区，执行"Attach"（附加）命令，将所有的圆形附加在一起，使之成为一个整体。

步骤04 进入样条线子对象层级，选中矩形，执行【Geometry】（几何体）面板下方的Boolean（布尔运算）命令，运算方式为并集，如图3-57所示。效果如图3-58所示，命名为"图形01"。

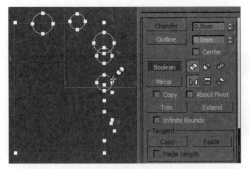

图3-57

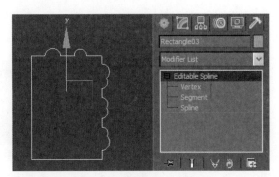

图3-58

步骤05 选中"路径01"，为其添加一个【Bevel Profile】（倒角坡面）修改器，单击倒角坡面修改器参数面板下方的"Pick profile"（拾取坡面）选项，最后单击视图中绘制的造型"形状01"，命名为"栏杆"，如图3-59所示。然后调整其位置，将其放置在"后背"上方，如图3-60所示。

图3-59

图3-60

3.2.7 雕花的制作

步骤01 在【Front】视图中绘制一个star（星型），在修改面板修改其参数【Radius1】（半径1）为

75mm，【Radius2】（半径2）为45mm，【Points】（点数）为8，【Fillet Radius 1】（圆角半径1）为20mm，【Fillet Radius 2】（圆角半径2）为2mm，命名为"路径02"，如图3-61所示。

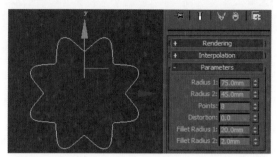

图3-61

步骤02 在【Front】视图中绘制Rectangle（矩形），修改【Length】（长度）为8mm，【Width】（宽度）为20mm；绘制一个Circle01（圆），修改其Radius（半径）为2mm；继续绘制一个Circle02（圆），修改其Radius（半径）为1.5mm；继续绘制一个Circle03（圆），修改其Radius（半径）为1.8mm，调整并复制三个图形的位置，如图3-62所示。

图3-62

步骤03 选择矩形，右键单击视图，将其转化为可编辑的样条线；再次右键单击视图区，执行"Attach"（附加）命令，将所有的圆形附加在一起，使之成为一个整体。

步骤04 进入样条线子对象层级，选中矩形，执行【Geometry】（几何体）面板下方的Boolean（布尔运算）命令，运算方式为并集，布尔运算掉那些小圆，效果如图3-63所示。布尔运算完成以后，进入样条线"Segment"线段子对象层级，删掉部分线段，效果如图3-64所示，命名为"图形02"。

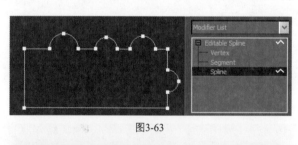

图3-63

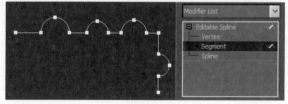

图3-64

步骤05 选中"路径02"，为其添加一个【Bevel Profile】（倒角坡面）修改器，单击倒角坡面修改器参数面板下方的"Pick profile"（拾取坡面）选项，最后单击视图中绘制的造型"形状02"，命名为"雕花"，如图3-65所示。

步骤06 在【Front】视图中调整"雕花"的位置，复制出其他雕花，并摆放好。再复制一个"栏杆"，把"雕花"夹在中间，如图3-66所示。

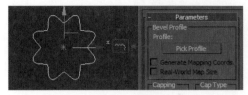

图3-65　　　　　　　　　　　　　　　　图3-66

3.2.8 立柱的制作

步骤01 在【Front】视图中绘制一个Rectangle（矩形），修改其【Length】（长度）为1250mm，【Width】（宽度）为30mm；右键单击视图，将其转化为可编辑的样条线，进入样条线"Segment"（线段）子对象层级，右键单击视图，执行"Refine"（优化）命令，在矩形的右竖边上半部分添加一些点，如图3-67所示。

步骤02 使用移动工具调整点的位置，大致如图3-68所示（注意：这个优化加点以及调整点有很大的灵活性，读者可灵活变通），调整好了以后删掉左侧线条，如图3-69所示。

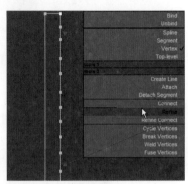

图3-67

图3-68　　　　　　　　　　　　　　　　图3-69

步骤03 在修改面板中为其添加一个【Lathe】（车削）修改器，在车削修改器的"Direction"（方向）面板中，选择y轴；在"Align"（对齐）面板中，选择Min（最小），命名为"立柱"，如图3-70所示（特别注意：如果使用车削修改器生成的造型在视图或者渲染的时候是黑色的，一般可以通过勾选"Parameters"参数面板下方的"Flip Normals"翻转法线解决）。

步骤04 在【Top】视图中绘制一个Sphere"球体"，修改其"Radius"（半径）为50mm；将其调整放置在"立柱"的顶端，并将其Group组合在一起，如图3-71所示。

图3-70　　　　　　　　　　　　　　　　图3-71

步骤05 在视图中调整"立柱"、"后背"和"栏杆"的位置,最终完成效果,如图3-72所示。

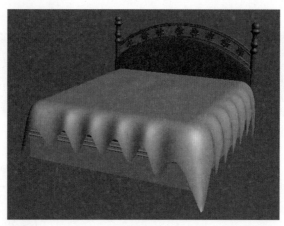

图3-72

3.3 使用Surface制作抱枕

3.3.1 建模前的准备工作

打开3ds Max软件,执行菜单栏中的【Customize】(自定义)/【Units Setup】(单位设置)命令,在弹出的单位设置对话框中,将【System Unit Setup】(系统单位设置)和【Display Unit Scale】同时设置为:millimeter(毫米),如图3-73所示。

图3-73

3.3.2 基本形状塑造

步骤01 在【Top】视图中绘制一个Rectangle(矩形),进入修改面板修改其【Length】(长度)为350mm,【Width】(宽度)为350mm;右键单击视图,将其转化为可编辑的样条线,进入样条线"Segment",选中所有线段,执行Geometry(几何体)面板下方的Divide(等分)命令两次,将矩形的四条边每边都等分成3段,如图3-74所示。

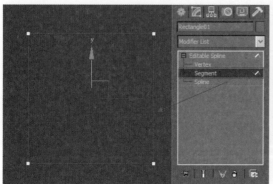 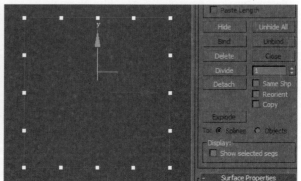

图3-74

步骤02 在【Top】视图中单击右键，选择Creat Line（创建线）子命令，开启样条线Selection（选择）子面板下面的Show Vertex Numbers（显示顶点数字）选项，如图3-75所示。

步骤03 开启主工具栏捕捉命令，并将其捕捉类型设置为2.5维捕捉，如图3-76所示。

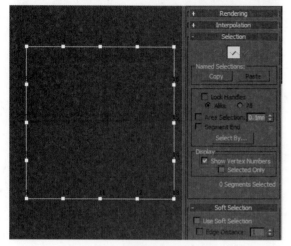

图3-75

图3-76

步骤04 创建如图3-77所示的线段，特别注意，在创建线的时候，在6和16点的时候需要开启捕捉，其他点可以暂时关闭捕捉；同时上方三个点可创建在2、3、4三个点正下方，6、7、8三个点应该与2、3、4三个点保持一定距离，便于下一步操作。

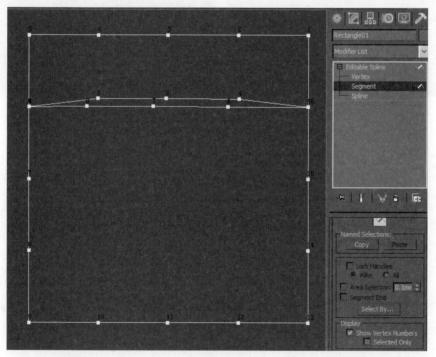

图3-77

步骤05 进入样条线Spline子对象层级，选中刚才绘制的样条线，捕捉复制出下方两条样条线，如图3-78所示。

步骤06 接着创建竖直的样条线，注意创建的顺序为4-2-2-2-10-8-8-8-4，特别注意的是在点4和点10的时候需要开启捕捉，其他点可以关闭捕捉，如图3-79所示。

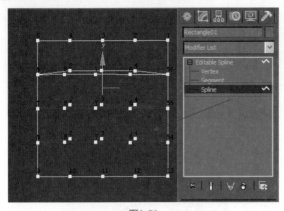

图3-78

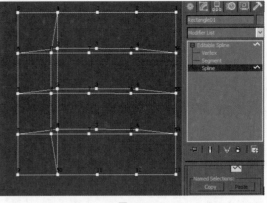

图3-79

步骤07　其他的两部分创建的方法一致，注意点的顺序是3-3-3-3-11-7-7-7-3和2-4-4-4-12-6-6-6-6-2，创建完成的效果如图3-80所示。

步骤08　进入样条线Vertex（点）子对象层级，在【Top】视图中框选所有竖边的左边所有点，如图3-81所示。

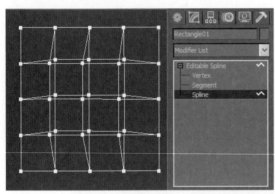

图3-80

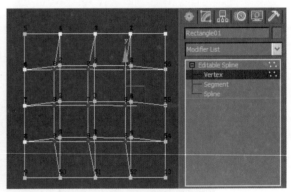

图3-81

步骤09　在【Front】视图中将其向下拖曳出一定的距离，如图3-82所示。

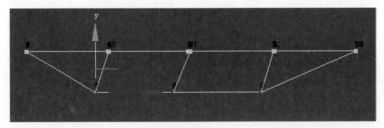

图3-82

步骤10　接着框选如图3-83所示的点，继续向下拖曳，效果如图3-84所示。

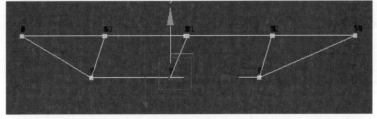

图3-83

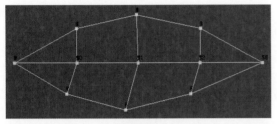

图3-84

步骤11 在【Top】视图中框选所有竖边的右边的所有点，使用同样的方法在【Front】视图中向上调整，效果如图3-85所示。

步骤12 在【Front】视图中调整点的位置，效果如图3-86所示。

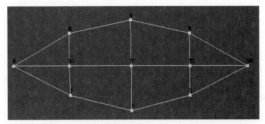

图3-85　　　　　　　　　　　　　　　图3-86

3.3.3　Surface（曲面）制作抱枕

步骤01 在【Top】视图中选中所有的点，单击右键，执行Smooth（圆滑）命令，如图3-87所示。

步骤02 进入修改面板，单击Modifier List（修改器列表），为其添加Surface（曲面）修改器，微调点的位置，效果如图3-88所示。

图3-87

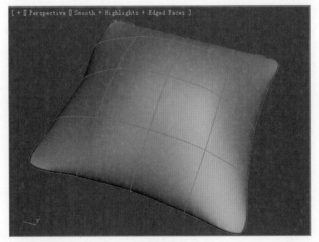

图3-88

3.3.4　卷边的制作

步骤01 单击创建面板Shapes（图形）下的Section（截面）命令，在【Top】视图中创建一个Section，进入修改面板，单击Section Parameters（截面参数）面板下的Create Shape（创建图形）命令，命名为"卷边"，如图3-89所示。

步骤02 单击主工具栏（按名称选择工具），在弹出的Select From Scene（从场景选择）中选择"卷边"，如图3-90所示。

图3-89　　　　　　　　　　　　　　　　　　图3-90

步骤03 单击修改面板，在Rendering（渲染）子面板下勾选Enable In Renderer（在渲染时启用）和Enable In Viewport（在视图中启用），在Radial（径向）模式下调整Thickness为2mm，如图3-91所示。

步骤04 如果出现如图3-92所示的交叉现象，可暂时取消勾选Enable In Renderer（在渲染时启用）和Enable In Viewport（在视图中启用），进入样条线Segment（线段）级别，找到如图3-93所示的线段删除即可。

 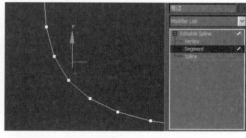

图3-91　　　　　　　　　图3-92　　　　　　　　　　　　　图3-93

最终效果如图3-94所示。

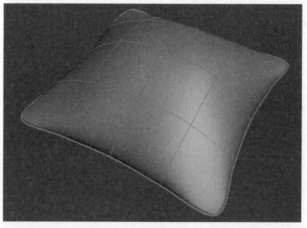

图3-94

3.4　旋转楼梯

3.4.1　建模前的准备工作

打开3ds Max软件，执行菜单栏中的【Customize】（自定义）/【Units Setup】（单位设置）

命令，在弹出的单位设置对话框中，将【System Unit Setup】（系统单位设置）和【Display Unit Scale】同时设置为：millimeter（毫米）。

3.4.2 主体的制作

步骤01　在【Top】视图中，单击Create（创建）命令，单击Geometry（几何体）面板下拉子面板中的Stairs（楼梯），如图3-95所示。

步骤02　选择Object Type（对象类型）中的Spiral Stair（旋转楼梯），在【Top】视图中创建一个楼梯，如图3-96所示。

图3-95

图3-96

步骤03　旋转楼梯基本形创建完成后，单击修改面板，在其Parameters（参数）面板中，修改其类型为Open（开放式），如图3-97所示。

步骤04　在Generate Geometry（生成几何体）选项中勾选Stringers（侧弦）和Carriage（支撑梁），如图3-98所示。

图3-97

图3-98

步骤05　勾选Rail Path（扶手路径）下的Inside（内扶手）和Outside（外扶手），如图3-99所示。

步骤06　在Layout（布局）选项中，选择CW（顺时针）方向；将Radius（半径）修改为3200mm，Revs（旋转）修改为0.5，Width（宽度）修改为1400mm，如图3-100所示。

图3-99

图3-100

步骤07 在Rise（楼梯）选项中，修改Overall（高度）为6000mm，Riser Ht（竖板高度）为300mm，Riser Ct（竖板数）为20；在Steps（台阶）选项中，修改Thickness（厚度）为30mm，勾选Segs（分段数），将其修改为5，如图3-101所示。

步骤08 在Carriage（支撑梁）子面板中，修改Parameters（参数）选项下的Depth（深度）为40mm，Width（宽度）为150mm，如图3-102所示。

图3-101

图3-102

步骤09 在Railings（栏杆）子面板中，修改Parameters（参数）选项下的Height（高度）为600mm，Offset（偏移）为0mm，如图3-103所示。

步骤10 在Strigers（侧弦）子面板中，修改Parameters（参数）选项下的Depth（深度）为340mm，Width（宽度）为60mm，Offset（偏移值）为0mm，如图3-104所示。

图3-103

图3-104

3.4.3 扶手的制作

步骤01 单击主工具栏（按名称选择工具），在弹出的Select From Scene（从场景选择）中选择SparalStair01.LeftRail和SparalStair01.RightRail，如图3-105所示。

图3-105

步骤02　在【Front】视图中，将其向下复制一组，分别命名为"左侧弦上"和"右侧弦上"，如图3-106所示。

图3-106

步骤03　将两个路径放置在左右侧弦的上方，调节好位置，将其进入样条线，进入Spline（样条线）子对象层级，选中整个样条线，执行Outline（轮廓偏移）命令，偏移值为60mm，如图3-107所示。

图3-107

步骤04　在【Top】视图中绘制一个Star（星形），进入修改面板修改其参数，Radius 1（半径1）为25mm，Radius 2（半径2）为20mm，Points（点数）为6，Fillet Radius 1（圆角半径1）为5mm，Fillet Radius 2（圆角半径2）为0mm，如图3-108所示。

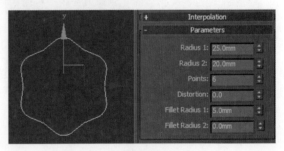

图3-108

步骤05　选中"左侧弦上"样条线，单击Geometry（几何体）面板下拉子面板中的Compound Objects（复合对象），执行Loft（放样）命令，在弹出的Creation Method（创建方式）选项栏中，单击Get Shape（获取图形），最后单击视图中的Star，如图3-109所示。

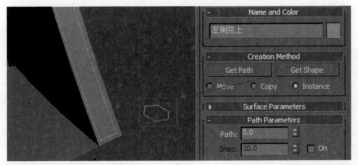

图3-109

步骤06 使用同样的方法，完成对"右侧弦上"的Loft放样，如图3-110所示。

步骤07 选中Loft放样后的"左侧弦上"和"右侧弦上"，将其向下复制一组，如图 3-111所示。

图3-110

图3-111

步骤08 选中样条线SpiralStair01.RightRail，单击Geometry（几何体）面板下拉子面板中的Compound Objects（复合对象），执行Loft（放样）命令，在弹出的Creation Method（创建方式）选项栏中，单击Get Shape（获取图形），最后单击视图中的Star，如图3-112所示。

步骤09 使用同样的方法，完成对样条线SpiralStair01.LeftRail的Loft放样。完成放样后栏杆的效果如图3-113所示。

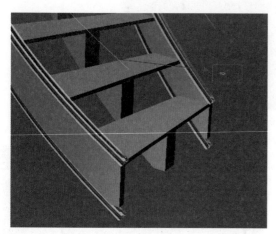

图3-112

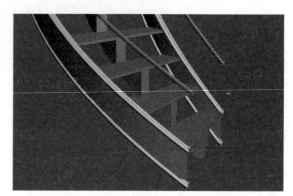

图3-113

3.4.4　立柱的制作

步骤01 在【Left】视图中绘制一个Rectangle（矩形），修改其参数Length（长度）为1200mm，Width（宽度）为100mm，如图3-114所示。

步骤02 选中矩形，右键单击视图，将其转化为可编辑的样条线，进入Segment（线段）级别，删除左边的竖边，如图3-115所示。

图3-114

图3-115

步骤03 执行Geometry（几何体）面板下的Refine（优化）命令，在右竖边上添加多个点，如图3-116所示。

步骤04 进入Vertex（点）子对象层级，多次调整点的位置，如图3-117所示。注意：样条线的形状比较随意，不同的样条线可以获得不同的效果。

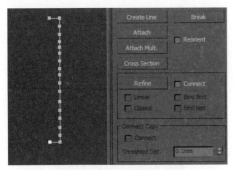
图3-116

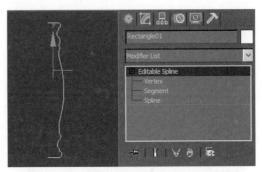
图3-117

步骤05 单击Modifier List（修改器列表），为调整好造型的样条线添加一个Lathe（车削）修改器，在弹出的车削修改器面板中，在Direction（方向）选项中选择y轴；在Align（对其）选项中选择Min（最小），命名为"立柱"，效果如图3-118所示。

步骤06 在【Top】视图中绘制一个Circle（圆），进入修改面板修改其Radius（半径）为1800mm，在Interpolation（差值）面板中，勾选Adaptive（自适应），让圆形更光滑，如图3-119所示。

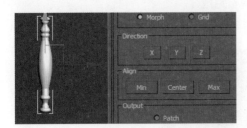
图3-118

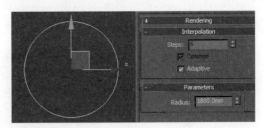
图3-119

步骤07 在【Top】视图中将圆形移动到如图3-120所示的位置上。

步骤08 选中"立柱"，在【Top】视图中将其移动到旋转楼梯的第一个台阶的侧弦上，复制出另外一边的立柱，如图3-121所示。

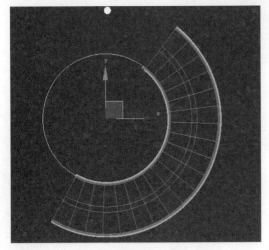
图3-120

图3-121

步骤09 选中"立柱",打开主工具栏捕捉,将捕捉的类型设置为2.5维捕捉,将捕捉的元素设置为Pivot(轴点),如图3-122所示。

步骤10 进入层级面板,在Pivot(轴点)子面板中,单击Adjust Pivot(调整轴心),激活Affect Pivot Only(仅影响轴心),如图3-123所示。

图3-122

图3-123

步骤11 将"立柱"轴心捕捉到圆形的轴心上,如图3-124所示。

使用同样的方法,将另一侧的立柱的轴心同样捕捉到圆的轴心上,捕捉轴心完成后再次单击Affect Pivot Only(仅影响轴心)退出,至此轴心的调整完成。

步骤12 选中任一立柱,执行菜单栏Tools(工具)菜单下的Array(阵列)命令,如图3-125所示。

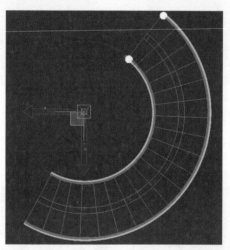

图3-124

步骤13 在弹出的Array(阵列)对话框中,激活Move(移动)选项,选择z轴,数值为6000mm;激活Rotate(旋转)选项,选择z轴,数值为-180°。同时在下方的阵列数量中将1D的值设置为12,如图3-126所示。

参数调节完成后可以单击Preview(预览)观察效果,确认效果无误了以后可以单击OK完成阵列。

图3-125

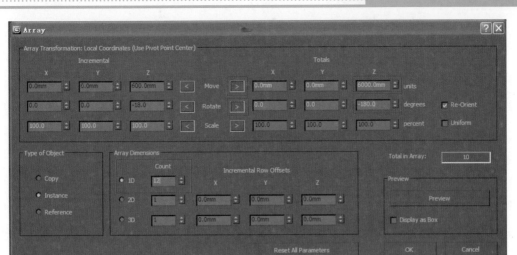

图3-126

步骤14 另外一边的立柱我们可以采用相同的方法，两边立柱都阵列好了以后，可以在Perspective（透视图）中观察，微调立柱的位置。最终效果如图3-127所示。

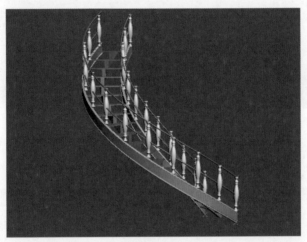

图3-127

3.5 液晶显示器

3.5.1 建模前的准备工作

打开3ds Max软件，执行菜单栏中的【Customize】（自定义）/【Units Setup】（单位设置）命令，在弹出的单位设置对话框中，将【System Unit Setup】（系统单位设置）和【Display Unit Scale】同时设置为：millimeter（毫米）。

3.5.2 屏幕的制作

步骤01 在【Front】视图中创建一个Chamferbox（切角长方体），修改器参数Length（长度）为400mm，Width（宽度）为710mm，Height（高度）为40mm，Fillet（圆角）为5mm，Length Segs（长度分度）为1，Width Segs（宽度分段）为1，Height Segs（高度分段）为1，Fillet Segs（圆角分段）为12，如图3-128所示。

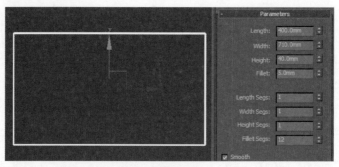

图3-128

步骤02 在视图中单击右键，执行Conver To（转化为）：Conver To EditablePoly（转化为可编辑的多边形）命令，进入修改面板，进入多边形面子对象层级，选中前面的面（选中的面会以高亮的红色显示），如图3-129所示。

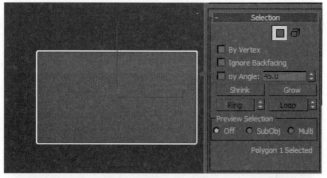

图3-129

步骤03 在视图区单击右键，在弹出的四元快捷菜单中选择Bevel（倒角）命令，修改倒角的参数Height（高度）为0mm，Outline Amount（轮廓偏移数量）为-20mm，如图3-130所示。

图3-130

步骤04 再次执行Bevel（倒角）命令，修改倒角的参数Height（高度）为-2mm，Outline Amount（轮廓偏移数量）为-4mm，如图3-131所示。

图3-131

步骤05 进入Poly的修改面板，在Edit Geometry（编辑几何体）子面板下，单击Detach（分离）命令，将选中的面分离出来作为显示器的屏幕，命名为"屏幕"，如图3-132所示。

图3-132

3.5.3 按钮的制作

步骤01 进入Poly线段子对象层级，选中前面的如图3-133所示的两根线条，在视图区单击右键，在弹出的四元快捷菜单中单击Connect（连接）命令，在Connect Edges（连接边）中将Segments（边数）设置为2，如图3-134所示。

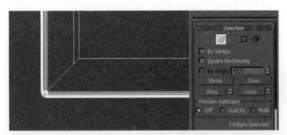

图3-133

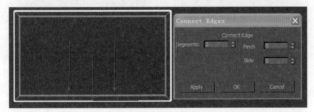

图3-134

步骤02 打开主工具栏捕捉工具，将其捕捉类型设置为2.5维捕捉，如图3-135所示。在弹出的栅格和捕捉设置中将捕捉的类型设置为【Vertex】（点）捕捉，如图3-136所示；在Option（选项）面板的Translation（变换）选项板中勾选Use Axis Constraints（运用轴向控制），如图3-137所示。

图3-135

图3-136

图3-137

步骤03 选择A点，锁定x轴（快捷键F5），将A点捕捉到B点的正下方，如图3-138所示。

步骤04 使用同样的方法将另一条线段捕捉好，如图3-139所示。

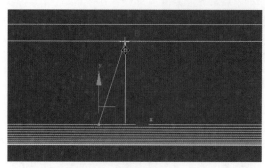
图3-138

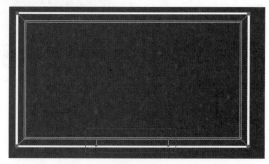
图3-139

步骤05 进入Poly的边子对象层级，选中两条竖边，如图3-140所示。

步骤06 右键单击视图，选择Connect（连接）命令，在Connect Edges（连接边）中将Segments（边数）设置为2，如图3-141所示。

图3-140

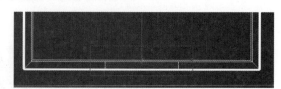
图3-141

步骤07 继续执行Connect（连接）命令，在Connect Edges（连接边）中将Segments（边数）设置为4，如图3-142所示。

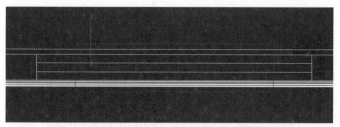
图3-142

步骤08 进入Poly面子对象层级，选中如图3-143所示的5个小面。

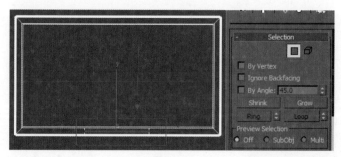
图3-143

步骤09 在视图区单击右键，在弹出的四元快捷菜单中选择Bevel（倒角）命令，修改倒角的参数Height（高度）为0mm，Outline Amount（轮廓偏移数量）为-0.3mm，在Bevel Type（倒角类型）中选择By Polygon（按多边形）方式，如图3-144所示。

步骤10 再次执行Bevel（倒角）命令，修改倒角的参数Height（高度）为-4mm，Outline Amount（轮廓偏移数量）为-0.5mm，如图3-145所示。

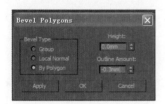
图3-144

图3-145

步骤11 执行Bevel（倒角）命令，修改倒角的参数Height（高度）为5mm，Outline Amount（轮廓偏移数量）为-0.5mm，如图3-146所示。

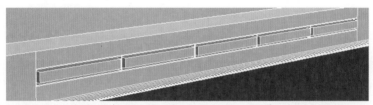
图3-146

3.5.4 背部的制作

步骤01 进入Poly面子对象层级，在Back（后）视图中选中背部的面，如图3-147所示。

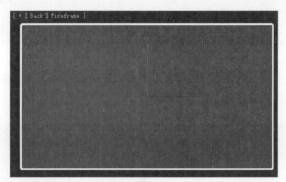
图3-147

步骤02 在视图区单击右键，在弹出的四元快捷菜单中选择Bevel（倒角）命令，修改倒角的参数Height（高度）为0mm，Outline Amount（轮廓偏移数量）为-20mm，如图3-148所示。

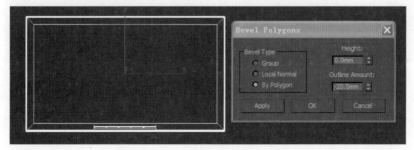
图3-148

步骤03 进入Poly线段子对象层级，分别选择新面的左右两条竖边，分别将其向内精确移动（快捷键为F12）15mm，如图3-149所示。

步骤04 进入Poly面子对象层级，在Perspective（透视图）中选中背面的大面，如图3-150所示。

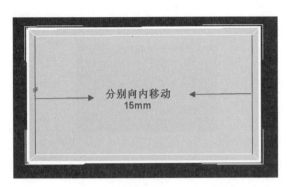

图3-149

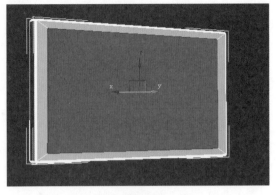

图3-150

步骤05 在视图区单击右键，在弹出的四元快捷菜单中选择Bevel（倒角）命令，修改倒角的参数Height（高度）为20mm，Outline Amount（轮廓偏移数量）为-40mm，如图3-151所示。

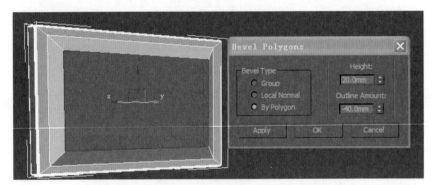

图3-151

步骤06 再次执行Bevel（倒角）命令，修改倒角的参数Height（高度）为0mm，Outline Amount（轮廓偏移数量）为-40mm，如图3-152所示。

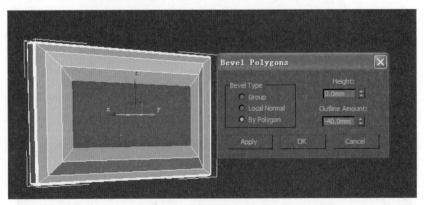

图3-152

步骤07 执行Bevel（倒角）命令，修改倒角的参数Height（高度）为20mm，Outline Amount（轮廓偏移数量）为0mm，如图3-153所示。

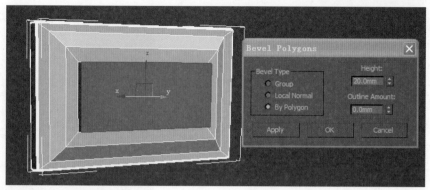

图3-153

步骤08 进入Poly线段子对象层级，选中如图3-154所示的两条线段。

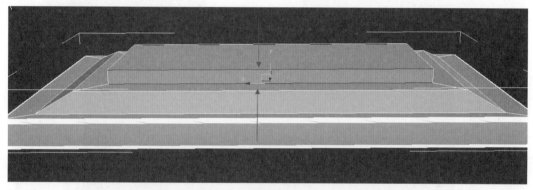

图3-154

步骤09 右键单击视图，选择Connect（连接）命令，在Connect Edges（连接边）中将Segments（边数）设置为2，如图3-155所示。

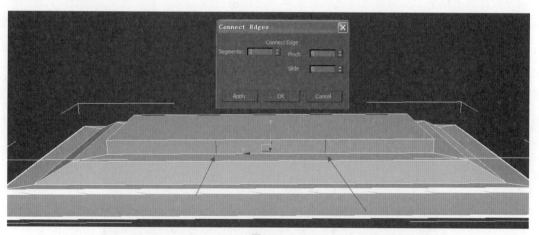

图3-155

3.5.5 底部的制作

步骤01 在【Left】视图中绘制如图3-156所示的样条线。

步骤02 进入样条线子对象层级，调整点的造型，效果如图3-157所示。

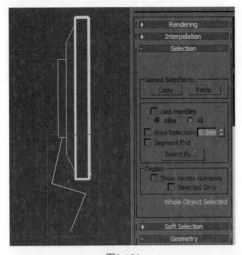

图3-156

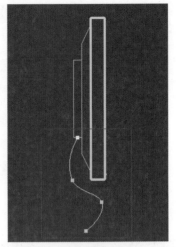

图3-157

步骤03 选中液晶显示器主体，进入Poly面子对象层级，选中如图3-158所示的面。

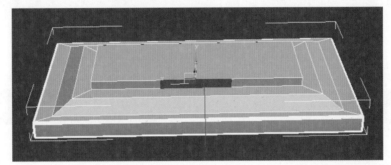

图3-158

步骤04 右键单击视图，在弹出的四元快捷菜单中选择Extrude along Spline（按样条线挤出）命令，在Extrude Polygons Along Spline（按样条线挤出多边形）面板中，单击Pick shape（获取图形），单击视图中绘制的样条线，将Segments（分段数）修改为18，如图3-159所示。

步骤05 在【Left】视图中，进入Poly,点子对象层级，选择C点，使用移动工具调整其位置，使之与D点保持在一条水平线上，如图3-160所示。

图3-159

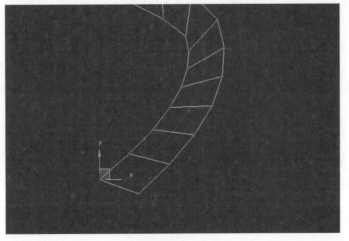

图3-160

步骤06 进入Poly面子对象层级，选中如图3-161所示的面。

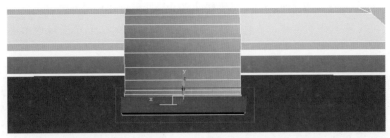

图3-161

步骤07 在视图区单击右键，在弹出的四元快捷菜单中选择Bevel（倒角）命令，第一次倒角的参数Height（高度）为0mm，Outline Amount（轮廓偏移数量）为50mm；第二次倒角的参数Height（高度）为4mm，Outline Amount（轮廓偏移数量）为3mm；第三次倒角的参数Height（高度）为4mm，Outline Amount（轮廓偏移数量）为2mm；第四次倒角的参数Height（高度）为4mm，Outline Amount（轮廓偏移数量）为1mm；第五次倒角的参数Height（高度）为0mm，Outline Amount（轮廓偏移数量）为50mm；第六次倒角的参数Height（高度）为4mm，Outline Amount（轮廓偏移数量）为3mm；第七次倒角的参数Height（高度）为4mm，Outline Amount（轮廓偏移数量）为2mm；第八次倒角的参数Height（高度）为4mm，Outline Amount（轮廓偏移数量）为0mm，效果如图3-162所示。

图3-162

3.6　软包椅子

3.6.1　建模前的准备工作

打开3ds Max软件，执行菜单栏中的【Customize】（自定义）命令，执行下拉子菜单【Units Setup】（单位设置），在弹出的单位设置对话框中，将【System Unit Setup】（系统单位设置）和【Display Unit Scale】同时设置为：millimeter（毫米）。

3.6.2　椅背的制作

步骤01 Front视图中绘制一个Box（长方体），修改其尺寸Length（长度）为1000mm；Width（宽度）为800mm；Height（高度）为240mm；Length Segs（长度分段）为6；Width Segs（宽度分段）为6；

Height Segs（高度分段）为2，如图3-163所示。

步骤02 在视图中单击右键，执行Conver To（转化为）：Conver To EditablePoly（转化为可编辑的多边形）命令，进入Poly边子对象层级，在Edit Geometry（编辑几何体）子面板中单击QuickSlice（快速切割），如图3-164所示。

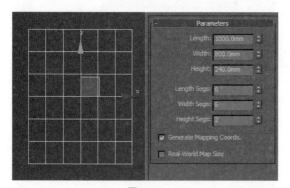

图3-163 　　　　　　　　　　　　　　　　　图3-164

步骤03 打开主工具栏捕捉工具，将其捕捉类型设置为2.5维Vertex（点）捕捉，如图3-165所示。

步骤04 在【Front】视图中使用QuickSLice（快速切割），切割出的效果如图3-166所示。

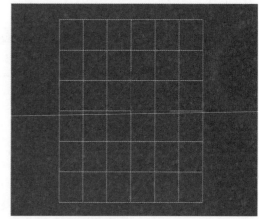

图3-165 　　　　　　　　　　　　　　　　　图3-166

步骤05 进入Poly点子对象层级，框选所有的点，在Edit Vertices（编辑点）面板中单击Weld（焊接），如图3-167所示。

步骤06 在【Front】视图中选择所有米字形的点，如图3-168所示。

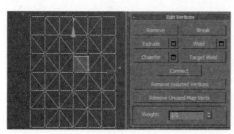
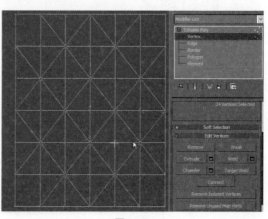

图3-167 　　　　　　　　　　　　　　　　　图3-168

步骤07 右键单击视图区，在弹出的四元菜单中选择Extrude（挤出）命令，在Extrude Vertices（挤出点）选项板中，设置Extrusion Height（挤出高度）为-40mm；Extrude Base Width（挤出基于宽度）为30mm，如图3-169所示。

步骤08 进入Poly线段子对象层级，选中如图3-170所示的边。

图3-169

步骤09 右键单击视图区，在弹出的四元菜单中选择Extrude（挤出）命令，在Extrude Edges（挤出边）选项板中，设置Extrusion Height（挤出高度）为-5mm；Extrusion Base Width（挤出基于宽度）设置为8mm，如图3-171所示。

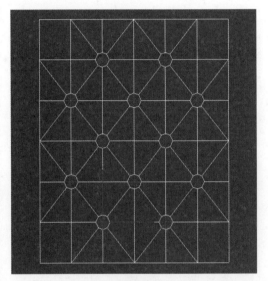

图3-170

图3-171

步骤10 进入Poly点子对象层级，调整如图3-172所示的5个点。调整完成后的效果如图3-173所示。

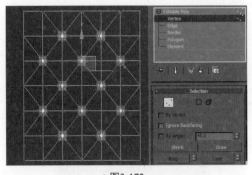

图3-172

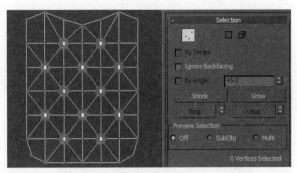

图3-173

步骤11 单击Modifier List（修改器列表），为其添加一个Mesh Smooth（网格平滑）修改器，在Subdivision Amount（细分数量）子面板中，将Iterations（迭代次数）设置为2，效果如图3-174所示。

步骤12 继续为模型添加一个FFD4×4×4修改器，单击FFD修改器前的"+"号，单击Control Points（控制点），在【Front】视图中选中如图3-175所示的四个点。

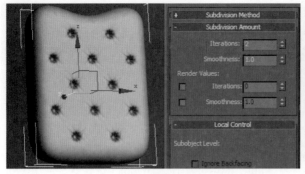

图3-174

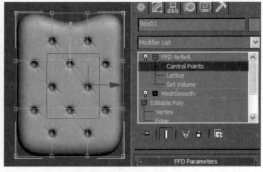

图3-175

步骤13 在【Left】视图中，按住"Alt"键减选掉后面的点，如图3-176所示。

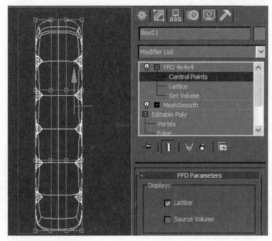

图3-176

步骤14 在【Left】视图中，选中x轴，向右拖动适当距离，模拟出隆起的效果，如图3-177所示。

步骤15 在【Front】视图中绘制一个Sphere（球体），修改球体的尺寸Radius（半径）为25mm；Segments（分段）为20；Hemisphere（半球）为0.5，如图3-178所示。

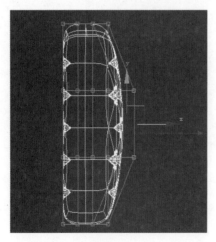

图3-177

图3-178

步骤16 单击主工具栏缩放工具，在【Top】视图中将球体进行适当缩放，效果如图3-179所示。

步骤17 在【Front】视图中将球体放置在合适的位置，复制出其他的球体，模拟软包椅子后背上的纽扣，效果如图3-180所示。

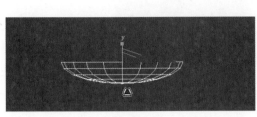

图3-179

图3-180

3.6.3 椅子扶手的制作

步骤01 在【Top】视图中绘制一个Rectangle（矩形），进入修改面板修改其参数Length（长度）为600mm，Width（宽度）为800mm，Corner Radius（角点半径）为100mm，如图3-181所示。

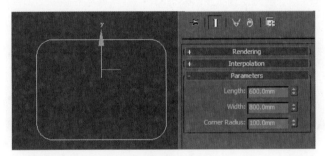

图3-181

步骤02 在视图区单击右键，将其转化为可编辑的样条线，进入样条线Segment（线段）子对象层级，删除掉如图3-182所示的线段，命名为"路径01"。

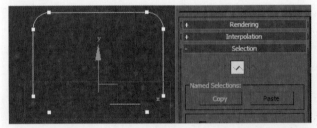

图3-182

步骤03 在【Front】视图中绘制一个Rectangle（矩形），进入修改面板修改其参数Length（长度）为60mm，Width（宽度）为55mm，Corner Radius（角点半径）为10mm，如图3-183所示。

步骤04 在【Front】视图中绘制一个Ellipse（椭圆），进入修改面板修改其参数Length（长度）为35mm，Width（宽度）为10mm，如图3-184所示。

图3-183

图3-184

步骤05 调整椭圆与矩形之间的位置，如图3-185所示。

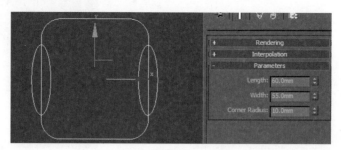

图3-185

步骤06 选中矩形，在视图区单击右键，将其转化为可编辑的样条线，再次在视图区单击右键，选择Attach（附加）命令，将两个椭圆附加在一起，使三个图形成为一个整体，如图3-186所示。

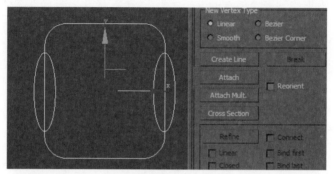

图3-186

步骤07 进入样条线子对象层级，选中矩形样条线，执行Geometry（几何体）子面板下的Boolean（布尔）差集运算，命名为"图形01"，如图3-187所示。

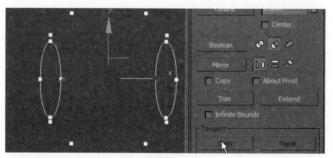

图3-187

步骤08 在【Top】视图中选中"路径01"，单击创建面板下方的几何体面板，选择Compound Objects（复合对象），单击Loft（放样），单击Creation Method（创建方式）下方的Get shap（获取图形），在【Front】视图中单击"图形01"，命名为"扶手"，如图3-188所示。

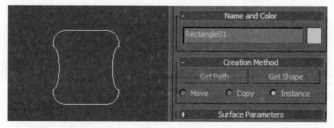

图3-188

步骤09 在【Top】视图中绘制一个Box（长方体），进入修改面板修改其参数Length（长度）为350mm，Width（宽度）为80mm，Height（高度）为80mm，Length Segs（长度分段）为5，Width Segs（宽度分段）为5，Height Segs（高度分段）为2，如图3-189所示。

步骤10 单击Modifier List（修改器列表），为其添加一个Mesh Smooth（网格平滑）修改器，在Subdivision Amount（细分数量）子面板中，将Iterations（迭代次数）设置为2，将其放置在"扶手"上的适当位置，效果如图3-190所示。

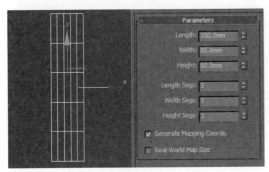

图3-189

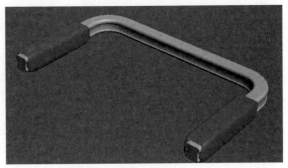

图3-190

3.6.4 扶手造型的制作

步骤01 在【Left】视图中参考扶手的位置绘制出如图3-191所示的造型线。

步骤02 进入样条线点子对象层级，调整点的位置，命名为"路径02"，效果如图3-192所示。

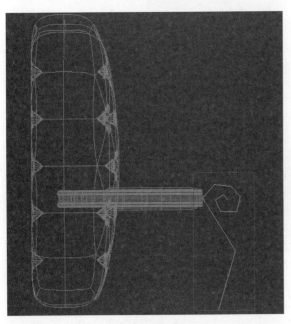

图3-191

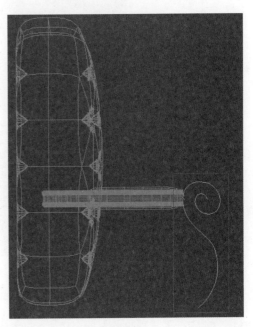

图3-192

步骤03 在【Left】视图中绘制Rectangle01，进入修改面板修改其参数Length（长度）为90mm，Width（宽度）为50mm，Corner Radius（角点半径）为5mm；绘制Rectangle02，进入修改面板修改其参数Length（长度）为15mm，Width（宽度）为30mm，Corner Radius（角点半径）为5mm；绘制Rectangle03，进入修改面板修改其参数Length（长度）为75mm，Width（宽度）为20mm，Corner Radius（角点半径）为5mm；将三个图形的位置调整为如图3-193所示的位置。

步骤04 选中Rec01，在视图区单击右键，将其转化为可编辑的样条线，再次在视图区单击右键，单击Attach（附加）命令，将Rec02和Rec03附加在一起，使之成为一个整体。

步骤05 进入样条线子对象层级，选中Rec01，单击Geometry（几何体）子面板下的Boolean（布尔），执行布尔运算差集，将Rec02和Rec03减掉，命名为"图形02"。运算完后效果如图3-194所示。

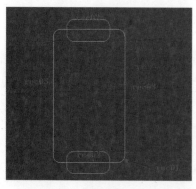

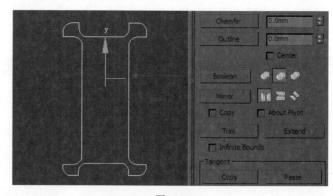

图3-193   图3-194

步骤06 选择"路径02"，单击创建面板下方的几何体面板，选择Compound Objects（复合对象），单击Loft（放样），单击Creation Method（创建方式）下方的Get Shape（获取图形），在【Left】视图中单击"图形02"，命名为"扶手造型"，效果如图3-195所示。

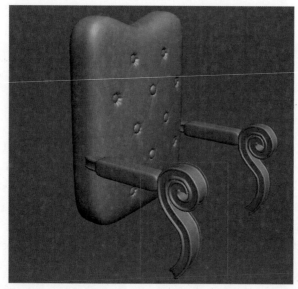

图3-195

3.6.5 底座的制作

步骤01 在【Top】视图中绘制一个Box（长方体），修改其尺寸Length（长度）为800mm，Width（宽度）为800mm，Height（高度）为200mm，Length Segs（长度分段）为4，Width Segs（宽度分段）为4，Height Segs（高度分段）为2，如图3-196所示。

步骤02 在视图中单击右键，执行Conver To（转化为）：Conver To EditablePoly（转化为可编辑的多边形），进入Poly边子对象层级，在Edit Geometry（编辑几何体）子面板中单击QuickSlice（快速切割），如图3-197所示。

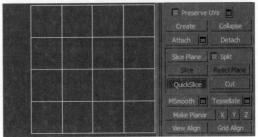

图3-196   图3-197

步骤03 打开主工具栏捕捉工具，将其捕捉类型设置为2.5维Vertex（点）捕捉，如图3-198所示。

步骤04 在【Top】视图中使用QuickSlice（快速切割），切割出如图3-199所示的线条。

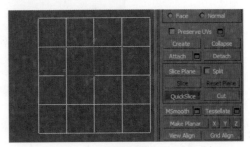

图3-198   图3-199

步骤05 进入Poly点子对象层级，框选所有的点，在Edit Vertices（编辑点）面板中单击Weld（焊接），如图3-200所示。

步骤06 在【Top】视图中选择所有米字形的点，如图3-201所示。

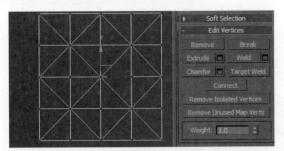
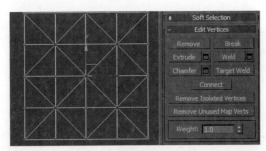

图3-200   图3-201

步骤07 右键单击视图区，在弹出的四元菜单中选择Extrude（挤出）命令，在Extrude Vertices（挤出点）选项板中，Extrusion Height（挤出高度）设置为-60mm，Extrude Base Width（挤出基于宽度）设置为25mm，如图3-202所示。

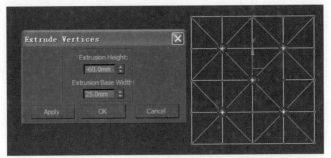

图3-202

步骤08 进入Poly线段子对象层级，选中如图3-203所示的边。

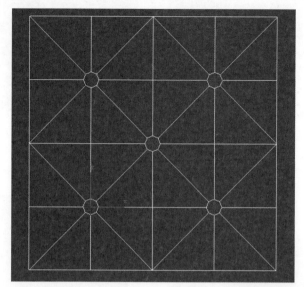

图3-203

步骤09 右键单击视图区，在弹出的四元菜单中选择Extrude（挤出）命令，在Extrude Edges（挤出边）选项板中，Extrusion Height（挤出高度）设置为-5mm，Extrusion Base Width（挤出基于宽度）设置为8mm，如图3-204所示。

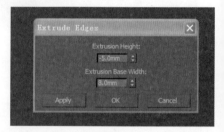

图3-204

步骤10 进入Poly点子对象层级，调整如图3-205所示的2个点。调整完成后如图3-206所示。

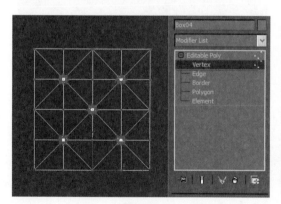

图3-205

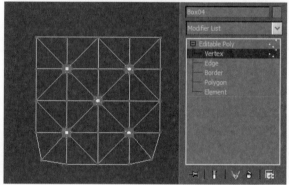

图3-206

步骤11 单击Modifier List（修改器列表），为其添加一个Mesh Smooth（网格平滑）修改器，在Subdivision Amount（细分数量）子面板中，将Iterations（迭代次数）设置为2，效果如图3-207所示。

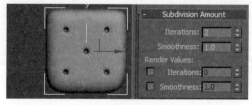

图3-207

步骤12 继续为模型添加一个FFD4×4×4修改器，单击FFD修改器前的"+"号，单击Control Points（控制点），在【Top】视图中选中如图3-208所示的四个点。

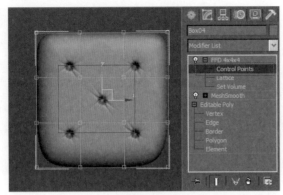

图3-208

步骤13 在【Front】视图中，按住"Alt"键减选掉后面的点，如图3-209所示。

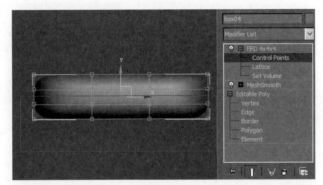

图3-209

步骤14 在【Front】视图中，选中y轴，向右拖动适当距离，模拟出隆起的效果，如图3-210所示。

步骤15 在【Top】视图中绘制一个Sphere（球体），修改球体的尺寸Radius（半径）为25mm，Segments（分段）为20，Hemisphere（半球）为0.5，如图3-211所示。

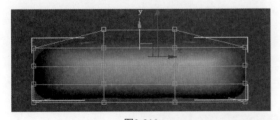

图3-210

图3-211

步骤16 单击主工具栏缩放工具，在【Front】视图中将球体进行适当缩放，效果如图3-212所示。

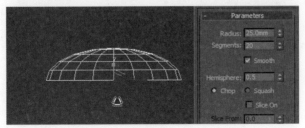

图3-212

步骤17 在【Top】视图中将球体放置在合适的位置，复制出其他的球体，模拟软包椅子后背上的纽扣，效果如图3-213所示。

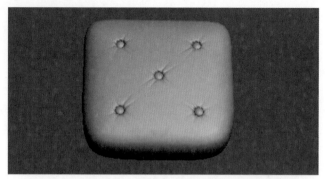

图3-213

3.6.6 椅凳的制作

步骤01 在【Top】视图中绘制一个Rectangle（矩形），进入修改面板修改其尺寸Length（长度）为850mm，Width（宽度）为850mm，Corner Radius（角点半径）为100mm（注意：矩形的大小也可以根据场景中坐垫的大小来绘制，尺寸比较随意），如图3-214所示。

图3-214

步骤02 选中矩形，在视图区单击右键，将矩形转化为可编辑的样条线，进入样条线线段子对象层级，选中如图3-215所示的线段。

步骤03 展开Geometry（几何体）子面板，单击Divide（等分）命令，将选中的线段等分为2段，如图3-216所示。

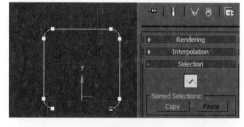

图3-215

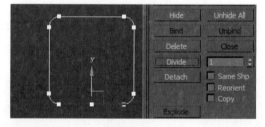

图3-216

步骤04 进入样条线点子对象层级，对点进行微调，命名为"路径03"，效果如图3-217所示。

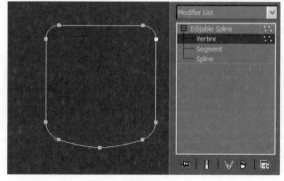

图3-217

步骤05　在【Front】视图中绘制一个Rectangle（矩形），进入修改面板修改其尺寸Length（长度）为70mm，Width（宽度）为70mm，如图3-218所示。

步骤06　在视图区单击右键，将矩形转化为可编辑的样条线，进入样条线线段子对象层级，选中如图3-219所示的线段，然后删除掉。

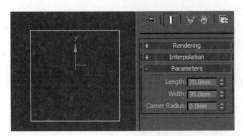

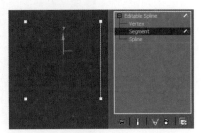

图3-218　　　　　　　　　　　　　　　图3-219

步骤07　展开Geometry（几何体）子面板，多次单击Divide（等分）命令，将选中的线段等分为多段（注意：等分的次数不固定，读者可以根据自己对造型的控制力，灵活地控制次数），如图3-220所示。

步骤08　进入样条线点子对象层级，调整等分后的点，调整完成后将样条线命名为"图形03"，效果如图3-221所示。

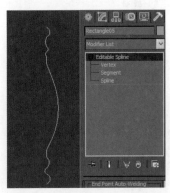

图3-220　　　　　　　　　　　　　　　图3-221

步骤09　选中"路径03"，单击修改器面板Modifier List（修改器列表），为其添加一个Bevel Profile（倒角修改器），展开其Parameters（参数）卷展栏，单击Pick Profile（拾取坡面），最后单击【Front】视图中绘制的"图形03"，效果如图3-222所示。

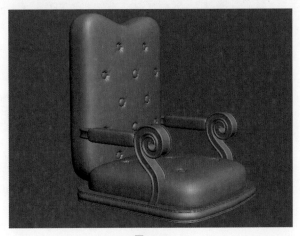

图3-222

3.6.7 椅脚的制作

步骤01 在【Left】视图中绘制一条如图3-223所示的Line（样条线），命名为"路径04"。

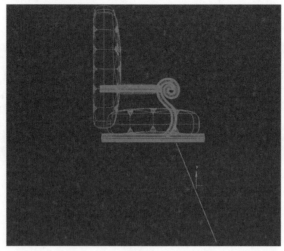

图3-223

步骤02 在【Left】视图中绘制一个Rectangle（矩形），进入修改面板修改其尺寸Length（长度）为80mm，Width（宽度）为80mm，如图3-224所示，命名为"图形04"。

步骤03 在【Left】视图中继续绘制一个Ngon（N多边形），进入修改面板修改其尺寸Radius（半径）为60mm，Sides（边）为6，如图3-225所示，命名为"图形05"。

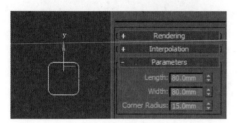
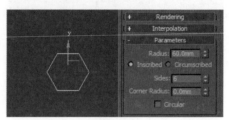

图3-224   图3-225

步骤04 在【Left】视图中绘制一个Start（星形），进入修改面板修改其尺寸Radius1（半径1）为15mm，Radius2（半径2）为20mm，Points（点数）为6，如图3-226所示，命名为"图形06"。

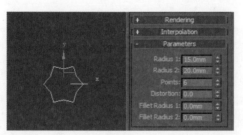

图3-226

步骤05 选中"路径04"，单击创建面板下方的几何体面板，选择Compound Objects（复合对象），单击Loft（放样），单击Creation Method（创建方式）下方的Get Shape（获取图形），在Path Parameters（路径参数）选项栏中在Path（路径）为0的时候拾取"图形04"；在Path为30的时候拾取"图形05"；在Path为100的时候拾取"图形06"，效果如图3-227所示。

图3-227

步骤06 选中Loft放样后的椅腿，进入其修改面板，展开Deformations（变形）卷展栏，激活Scale（缩放），如图3-228所示。

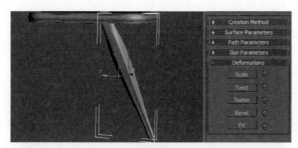

图3-228

步骤07 在弹出的Scale Deformation（缩放变形）中激活x、y轴，如图3-229所示。

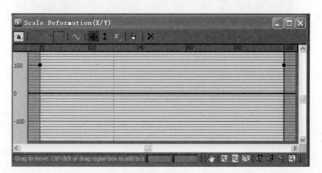

图3-229

步骤08 使用加点工具加点，并使用移动工具调整点的位置，效果如图3-230所示。

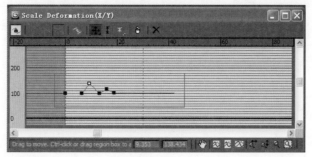

图3-230

步骤09 完成后椅脚的效果如图3-231所示。

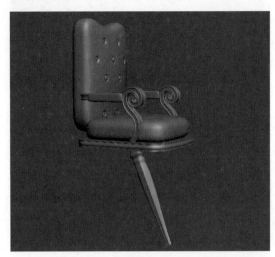

图3-231

步骤10 复制出其他三条椅脚，并将其放置在合适的位置，最终完成效果如图3-232所示。

图3-232

3.7 本章小结

本章包含了大量的模型，需要重点学习Bevel（倒角）、Extrude（挤出）修改器、Spline（样条线）的编辑、对齐复制镜像捕捉命令、Bevel Profile（倒角坡面）、FFD的运用、Surface（曲面）建模、Max自带的Stairs（楼梯）系统、Poly建模和Mesh Smooth（网格平滑），读者可以对照模型制作的步骤反复地练习，为后面的学习打下坚实的基础。

第4章
白领的最爱——简约现代客厅

城市的喧嚣和污染，激烈的社会竞争和生存压力，天天忙碌的工作和紧张的生活，让人们更加向往清新自然、随意轻松的居室环境。所以，越来越多的人开始摒弃繁缛豪华的装修，力求拥有一种自然简约的居室空间。

本章主要讲解了现代简约客厅的装饰风格以及现代简约客厅效果图的制作方法，希望读者可以了解室内效果图的基本制作流程。

本章要点

- 简约现代客厅风格介绍。
- 简约现代相机架设。
- 简约现代材质制作。
- 简约现代客厅灯光制作。
- 简约现代客厅渲染。
- 简约现代客厅后期处理。

4.1 简约现代客厅风格介绍

现代简约风格饰品是所有家装风格中最不拘一格的一种。一些线条简单，设计独特甚至是极富创意和个性的饰品都可以成为现代简约风格家装中的一员。在材料方面，大量使用铁制构件，将玻璃、瓷砖等新工艺，以及铁艺制品、陶艺制品等综合运用于室内装饰设计中，如图4-1所示。

图4-1

4.2 简约现代客厅的设计与制作

4.2.1 创建相机

在Max中，相机对于场景的意义非常重大。我们除了可以通过Max提供给用户的相机模拟各种视角外，相机还可以固定设计者的观察角度，从而便于我们对场景进行多次反复的调整。正是由于摄像机的固定，设计者可以专注地表现相机镜头里的场景，相机以外的，我们看不到的地方则可以忽略，从另一方面也提高了设计者的工作效率和减少电脑的运算负担。创建简约现代客厅相机的步骤如下。

步骤01 在【Top】视图中创建一个标准的摄像机，如图4-2所示。

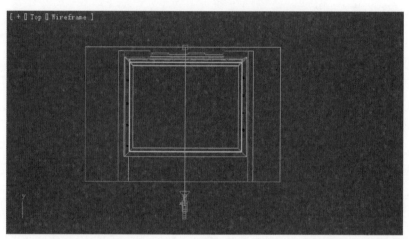

图4-2

步骤02 在【Front】视图中将相机提高到一定的角度。一般可以设置为1500mm至1700mm，这样的高度比较接近于正常的成年人的观察视角，如图4-3所示。

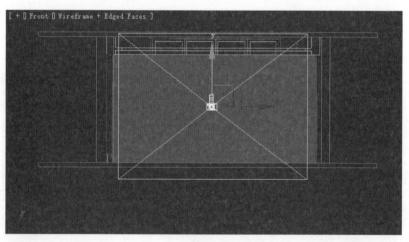

图4-3

步骤03 进入相机修改面板，将【Lens】（镜头）设置为20mm的广角镜头。在室内效果图表现中常用广角镜头，这是因为广角镜头视角大，视野宽阔。从某一视点观察到的景物范围要比人眼在同一视点所看到的大得多；景深长，可以表现出相当大的清晰范围；能强调画面的透视效果，善于夸张前景和表现景物的远近感，这有利于增强画面的感染力。还有两个镜头也用的比较频繁，一个是24mm的镜头，另一个是28mm的镜头，如图4-4所示。

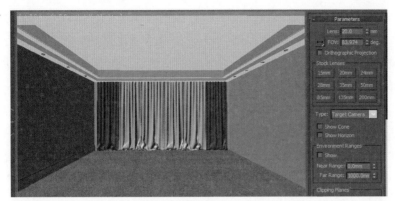

图4-4

步骤04 相机镜头确定好了以后，进入【Cameras】（相机）视图，按下键盘上的组合快捷键"Shift+F"开启安全框，目的是确保我们在相机视图中看到的就是我们最终渲染出来的图像，如图4-5所示。

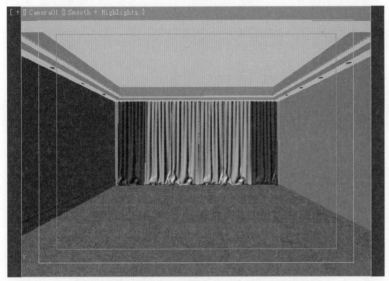

图4-5

步骤05 相机一旦确定好了以后，为了防止相机被移动，可以选中相机，将其冻结起来，也可以按下键盘上的组合快捷键"Shift+C"将其隐藏，如图4-6所示。

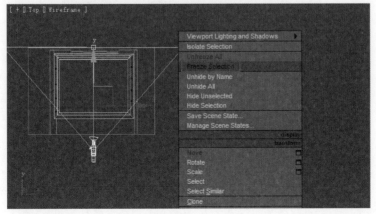

图4-6

4.2.2　设置VRay测试渲染参数

VRay是一个高级的全局光渲染器，设计师可以通过简单的设置获得高质量的光能传递效果，相比较默认渲染器来说，VRay渲染器的光线传递原理更准确。一般来说，在制作初始阶段，为了得到较快的渲染速度，可以设置一个较低的测试渲染参数；当测试完成后再提高渲染参数，获得高质量的图像。设置VRay测试渲染参数的步骤如下。

步骤01　启动3ds Max软件。打开配套光盘中的"场景文件\第4章\max\简约客厅-完成.max"文件。

步骤02　按"F10"键，弹出【Render Setup】（渲染设置）面板，在【Common】（通用）子面板下单击【Assign Renderer】（指定渲染器）卷展栏。

步骤03　单击Production（产品级）后的 ... （选择渲染器），弹出【Choose Renderer】，然后将VRay Adv 2.10.01指定为当前渲染器，如图4-7所示。

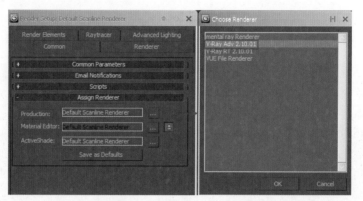

图4-7

步骤04　渲染器指定完成后，首先设置渲染参数，由于目前处于测试渲染阶段，所以尺寸不易设置得过大，可以观察到渲染效果即可。现阶段设置渲染的长和宽为640mm×480mm，并锁定图像长宽比，如图4-8所示。

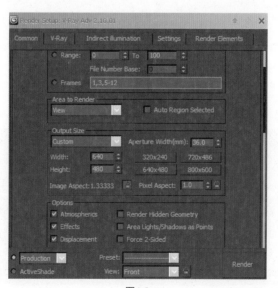

图4-8

步骤05　设置VRay帧缓存窗口。打开【VRay: Frame buffer】（VRay: 帧缓存）面板，勾选【Enable built-in Frame Buffer】（启用VRay内置的帧缓存），此时Max的渲染窗口将被VRay渲染窗口替代，因为

VRay的渲染窗口功能更加强大，如图4-9所示。

步骤06 设置VRay全局开关面板。打开【VRay：Global Switches】（VRay：全局开关），在【Lighting】（灯光）选项栏中选择【Default lights：off】（默认灯光：关），目的是避免Max默认灯光对场景的影响，从而让设计师按照自己的灯光思路布置灯光，如图4-10所示。

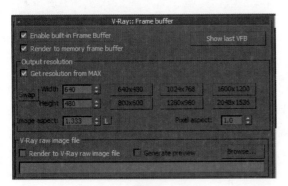

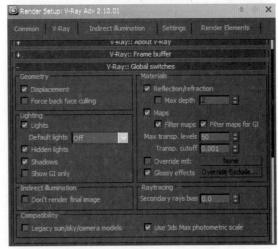

图4-9

图4-10

步骤07 打开【VRay：Image sampler（Antialiasing）】（VRay：图像采样（抗锯齿））面板，将图像采样的Type（类型）修改为Fixed（固定比例），并且关闭Antialiasing filter（抗锯齿过滤器），如图4-11所示。

步骤08 设置全局光渲染引擎。打开【VRay：Indirect illumination（GI）】（VRay：间接照明）面板，开启GI，然后将二次反弹设置为Light cache（灯光缓存），如图4-12所示。

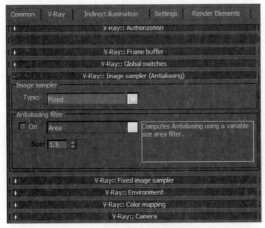

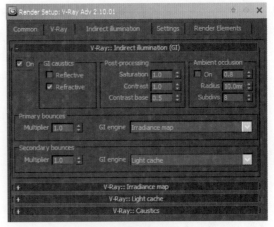

图4-11

图4-12

步骤09 打开【VRay：Irradiance map】（VRay：发光贴图）面板，将Current preset（当前预设）设置为Low（低），降低渲染品质，以节约渲染时间。Hsph.subdivs（半球细分）和Interp.samples（插补采样）保持默认，勾选Show calc.phase（显示计算相位），便于在测试渲染的时候能快速预览到渲染效果，如图4-13所示。

步骤10 打开【VRay：Light cache】（VRay：灯光缓存）面板，将细分值设置为100，同时勾选Show calc.phase（显示计算相位），如图4-14所示。

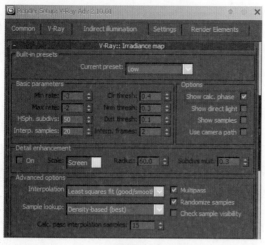
图4-13

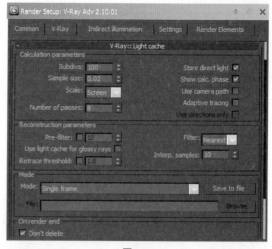
图4-14

至此为止，VRay测试渲染参数全部设置完成。需要注意的是，可能每个设计师的测试渲染参数都不一样，但是，只要可以获得较快的渲染都是可以的。

4.2.3 创建材质

1．创建乳胶漆墙面。

乳胶漆是乳涂料的俗称，诞生于20世纪70年代中下期，是以丙烯酸酯共聚乳液为代表的一大类合成树脂乳液涂料。乳胶漆是水分散性涂料，它是以合成树脂乳液为基料，填料经过研磨分散后加入各种助剂精制而成的涂料。乳胶漆具备了与传统墙面涂料不同的众多优点，如易于涂刷、干燥迅速、漆膜耐水、耐擦洗性好等。乳胶漆材质是室内效果图表现中使用最多的材质，如图4-15所示。

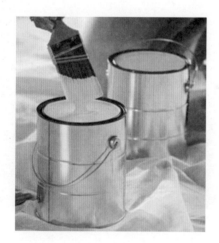
图4-15

设置乳胶漆的固有色。按下"M"键，在弹出的【Material Editor】（材质编辑器）面板中选择一个未使用的材质球，并将其指定为VRayMtl（VRay材质）专业材质类型，然后再将Diffuse（漫反射）设置为白色。

乳胶漆墙面有大面积的高光效果，所以将Reflect（反射）设置为10，Refl.glossiness（反射光泽度）设置为0.56。为了避免反射模糊造成的渲染噪点，将Subdivs（细分值）设置为15，如图4-16所示。

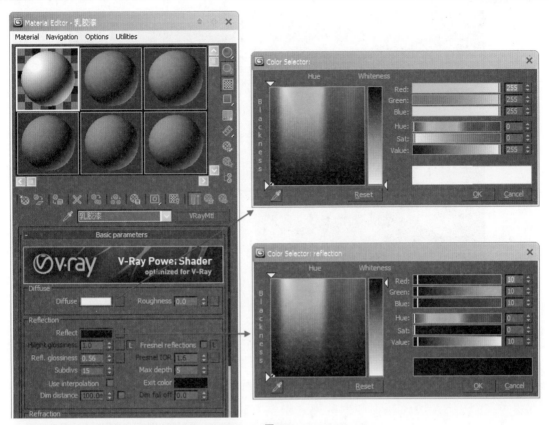

图4-16

乳胶漆的反射基本可以忽略不计，所以，在Options（选项）面板中将Trace reflections（追踪反射）关闭，这样就只留下了高光，如图4-17所示。

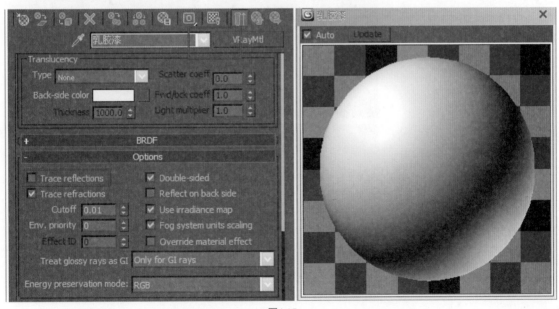

图4-17

2．创建地毯材质。

地毯（地毡），是一种纺织物，铺放于地上，作为家居装修设施，有美化家居，保温等功能。尤其家中有幼童或长者，可以避免摔倒受伤，如图4-18所示。

图4-18

设置地毯材质。首先设置地毯的纹理贴图，然后在【Displace】（置换）贴图通道中添加一个【Speckle】（斑点）材质贴图类型，给地毯添加一点置换效果，如图4-19所示。最后为地毯模型指定一个【Box】（长方体）类型的【UVW map】贴图坐标修改器。

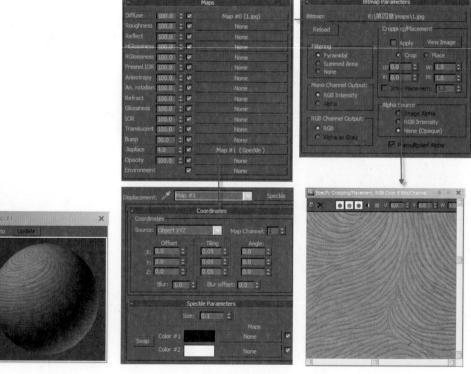

图4-19

3．设置墙纸材质。

壁纸是用于装饰墙壁用的特种纸。壁纸分为很多类，如涂布壁纸、覆膜壁纸、压花壁纸等。通常用漂白化学木浆生产原纸，再经不同工序的加工处理，如涂布、印刷、压纹或表面覆塑，最后经裁切、包装后出厂。因为具有一定的强度、美观的外表和良好的抗水性能，广泛用于住宅、办公室、宾馆的室内装修等，如图4-20所示。

图4-20

首先设置墙纸的纹理贴图，然后将【Diffuse】（漫反射）通道中的地毯贴图关联复制到【Bump】（凹凸）贴图通道中，给墙纸一点凹凸效果，如图4-21所示。最后为墙纸模型指定一个【Box】（长方体）类型的【UVW map】贴图坐标修改器。

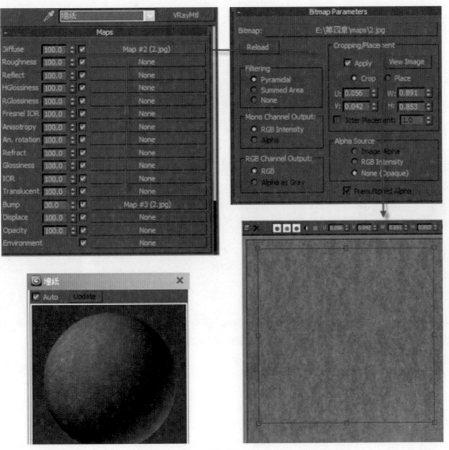

图4-21

4．设置窗框材质，如图4-22所示。

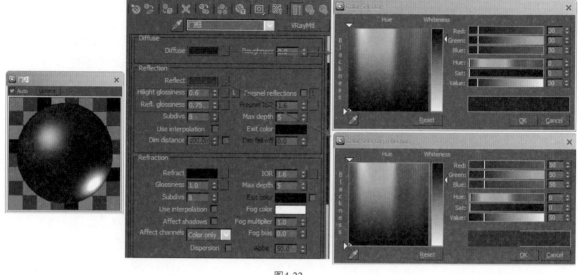

图4-22

5．设置踢脚线材质。

最后为踢脚线模型指定一个【Box】（长方体）类型的【UVW map】贴图坐标修改器，如图4-23所示。

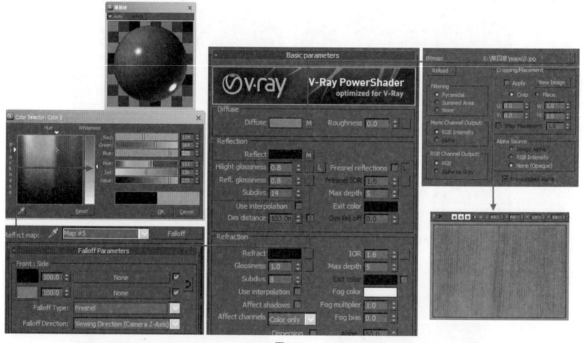

图4-23

6．设置窗纱材质。

窗纱一般指一种是以化纤等为原料制成的网状物，广泛用于门窗、走廊上来防止小昆虫打扰，常见的有白色、绿色和蓝色。窗纱不仅给居室增添柔和、温馨、浪漫的氛围，而且具有采光柔和、透气通风的特性，它可调节你的心情，给人一种若隐若现的朦胧感，如图4-24所示。

图4-24

首先设置窗帘的材质，如图4-25所示。

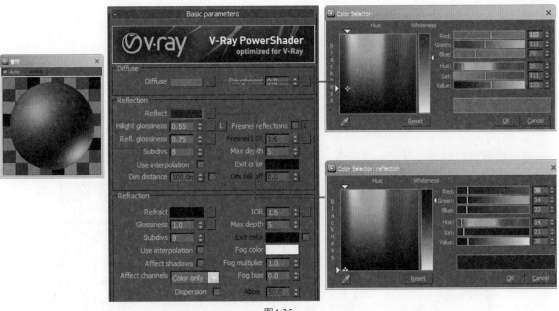

图4-25

然后设置窗纱的材质，如图4-26所示。

图4-26

7. 设置筒灯材质。

筒灯是在工程建设中用量最大的室内工程灯具，它的用处广泛，家庭装修中用量比较大。筒灯是一种商业照明灯具，它是一种点光源灯具，通常分布在天花上作为空间照明使用，如图4-27所示。

图4-27

首先设置筒灯材质，如图4-28所示。

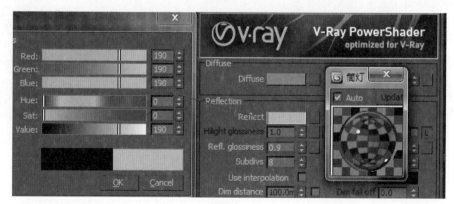

图4-28

然后设置发光片材质，如图4-29所示。

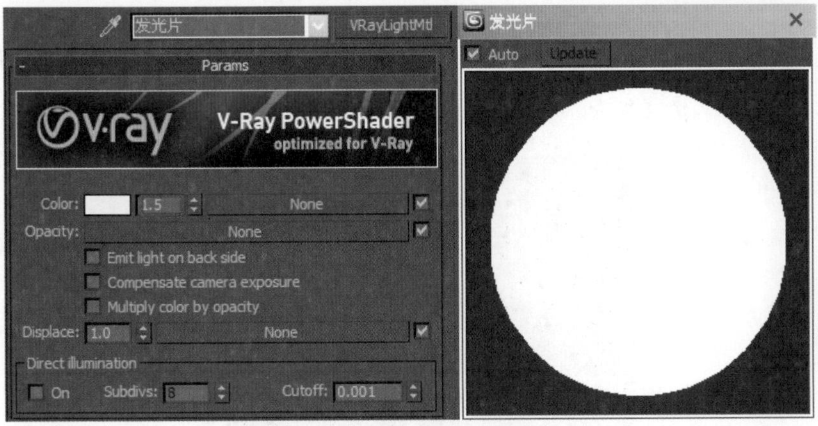

图4-29

8．创建电视背景墙材质。

木纹材质。背景墙木纹材质的设置方法比较简单，我们可以将先前设置的"踢脚线"材质直接赋予模型即可，最后为模型指定一个【Box】（长方体）类型的【UVW map】贴图坐标修改器。

黑色镜框材质。我们可以将先前设置的门框材质赋予模型即可。

软包墙面材质。选择一个空白材质球，将材质球类型修改为VRayMtl专业材质。单击【Diffuse】（漫反射）后的贴图通道，为其指定一张【Bitmap】（位图），加载一张布纹贴图，如图4-30所示。

图4-30

镜子材质。镜子是一种表面光滑，具有反射光线能力的物品。最常见的镜子是平面镜，常被人们利用来整理仪容，如图4-31所示。

图4-31

选择一个空白材质球，将材质球类型修改为VRayMtl专业材质。【Diffuse】（漫反射）的RGB值为（255，255，255），【Reflect】（反射）的RGB值为（80，80，80），【Refract】（折射）的RGB值为（255，255，255），勾选【Affect shadows】（影响阴影），如图4-32所示。

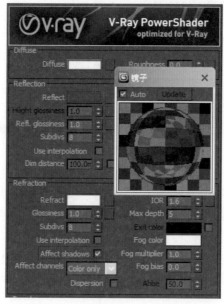

图4-32

电视机外壳材质。选择一个空白材质球，将材质球类型修改为VRayMtl专业材质。【Diffuse】（漫反射）的RGB值为（245，245，245），【Reflect】（反射）的RGB值为（25，25，25），【Refl. glossiness】（反射光泽度）为0.8，【Subdives】（细分值）为10，如图4-33所示。

电视机内壳材质。选择一个空白材质球，将材质球类型修改为VRayMtl专业材质。【Diffuse】（漫反射）的RGB值为（5，5，5），【Reflect】（反射）的RGB值为（15，15，15），【Refl. glossiness】（反射光泽度）为0.8，【Subdivs】（细分值）为10，如图4-34所示。

图4-33

图4-34

电视机金属板材质。选择一个空白材质球，将材质球类型修改为VRayMtl专业材质。【Diffuse】（漫反射）的RGB值为（60，60，60），【Reflect】（反射）的RGB值为（150，150，150），【Refl.glossiness】（反射光泽度）为0.86，【Subdivs】（细分值）为10，如图4-35所示。

电视机屏幕材质。选择一个空白材质球，将材质球类型修改为VRayMtl专业材质。【Diffuse】

（漫反射）的RGB值为（25，25，25），【Reflect】（反射）的RGB值为（25，25，25），【Hilight glossiness】（高光光泽度）为0.9，如图4-36所示。

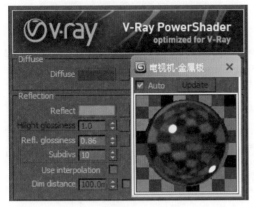

图4-35　　　　　　　　　　　　　　　　　　　　图4-36

至此，电视背景墙的材质全部设置完成。

9．创建沙发、茶几、书桌材质。

沙发材质。选择一个空白材质球，将材质球类型修改为VRayMtl专业材质。单击【Diffuse】（漫反射）后的贴图通道，为其指定一张【Bitmap】（位图），加载一张布纹贴图。然后单击【Maps】（贴图）面板，将【Diffuse】（漫反射）通道中的贴图关联复制到【Bump】（凹凸）通道中，并将凹凸通道的强度设置为60，让凹凸效果更明显。最后为模型指定一个【Box】（长方体）类型的【UVW map】贴图坐标修改器，如图4-37所示。

抱枕材质。选择一个空白材质球，将材质球类型修改为VRayMtl专业材质。单击【Diffuse】（漫反射）后的贴图通道，为其指定一张【Bitmap】（位图），加载一张抱枕的贴图，如图4-38所示。

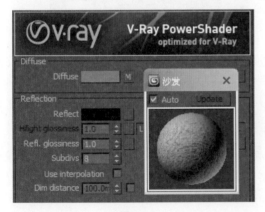

图4-37　　　　　　　　　　　　　　　　　　　　图4-38

不锈钢金属材质。选择一个空白材质球，将材质球类型修改为VRayMtl专业材质。【Reflect】（反射）的RGB值为（200，200，200），【Hilight glossiness】（高光光泽度）为0.86，【Refl. glossiness】（反射光泽度）为0.86，【Subdivs】（细分值）为15，在【BRDF】（双向反射分布）中将【Anisotropy】（各项异性）设置为0.5，【Rotation】（旋转）设置为60，如图4-39所示。将其赋予场景中的书桌椅子脚、书桌脚、台灯底座。

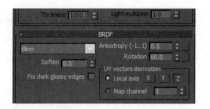

图4-39

台灯支架材质。选择一个空白材质球，将材质球类型修改为VRayMtl专业材质。【Diffuse】（漫反射）的RGB值为（20，19，19），【Reflect】（反射）的RGB值为（40，40，40），【Hilight glossiness】（高光光泽度）为0.9，如图4-40所示。

台灯灯罩材质。选择一个空白材质球，将材质球类型修改为VRayMtl专业材质。【Diffuse】（漫反射）的RGB值为（255，255，255），【Refract】（折射）的RGB值为（200，200，200），【Glossiness】（光泽度）为0.8，【Subdivs】（细分值）为15，【IOR】（折射率）为1.2，勾选【Affect shadows】（影响阴影），如图4-41所示。

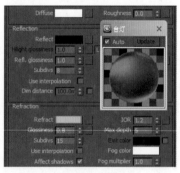

图4-40　　　　　　　　　　　　　　　　　　图4-41

茶几面材质。选择一个空白材质球，将材质球类型修改为VRayMtl专业材质。【Diffuse】（漫反射）的RGB值为（255，255，255），【Reflect】（反射）的RGB值为（40，40，40），【Refl. glossiness】（反射光泽度）为0.9，然后单击【Maps】（贴图）面板，在【Environment】（环境）通道中，添加一个【Output】（输出）贴图，如图4-42所示。

茶几、餐盘套装。选择一个空白材质球，将材质球类型修改为VRayMtl专业材质。【Diffuse】（漫反射）的RGB值为（120，120，120），【Reflect】（反射）的RGB值为（220，220，220），【Hilight glossiness】（高光光泽度）为0.95，【Refl.glossiness】（反射光泽度）为0.9，【Subdivs】（细分值）为15，如图4-43所示。

图4-42　　　　　　　　　　　　　　　　　　图4-43

10．茶几盆栽-叶子材质。

选择一个空白材质球，将材质球类型修改为VRayMtl专业材质。单击【Diffuse】（漫反射）后的贴图通道，为其指定一张【Bitmap】（位图），加载一张"茶几盆栽-叶子"贴图。【Reflect】（反射）的RGB值为（25，25，25），【Refl.glossiness】（反射光泽度）为0.6，然后单击【Maps】（贴图）面板，在【Bump】（凹凸）通道中，为其指定一张【Bitmap】（位图），加载一张"茶几盆栽-叶子凹凸"贴图，并将凹凸通道的强度设置为60，让凹凸效果更明显，如图4-44所示。

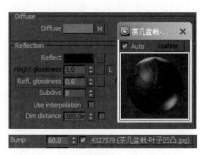

图4-44

茶几盆栽-花瓣材质。选择一个空白材质球，将材质球类型修改为VRayMtl专业材质。单击【Diffuse】（漫反射）后的贴图通道，为其指定一张【Bitmap】（位图），加载一张"茶几盆栽-花瓣"贴图。【Reflect】（反射）的RGB值为（25，25，25），【Refl.glossiness】（反射光泽度）为0.6，如图4-45所示。

茶几盆栽-泥土材质。选择一个空白材质球，将材质球类型修改为VRayMtl专业材质。单击【Diffuse】（漫反射）后的贴图通道，为其指定一张【Bitmap】（位图），加载一张"茶几盆栽-泥土"贴图。【Reflect】（反射）的RGB值为（25，25，25），【Refl.glossiness】（反射光泽度）为0.6，然后单击【Maps】（贴图）面板，在【Bump】（凹凸）通道中，为其指定一张【Bitmap】（位图），加载一张"茶几盆栽-泥土凹凸"贴图，并将凹凸通道的强度设置为60，让凹凸效果更明显，如图4-46所示。

图4-45

图4-46

茶几盆栽-花盆材质。选择一个空白材质球，将材质球类型修改为VRayMtl专业材质。单击【Diffuse】（漫反射）后的贴图通道，为其指定一张【Bitmap】（位图），加载一张"茶几盆栽-花盆"贴图。【Reflect】（反射）的RGB值为（25，25，25），【Refl.glossiness】（反射光泽度）为0.6，如图4-47所示。

参照茶几盆栽的材质制作方法，制作"书桌盆栽"以及"电视背景墙盆栽"。

11．吊灯-灯罩材质。

选择一个空白材质球，将材质球类型修改为VRayMtl专业材质。【Diffuse】（漫反射）的RGB值为（240，200，165），单击【Refract】（折射）后的贴图通道，为其指定一张【Falloff】（衰减）贴图，将【Falloff】（衰减）的第一个颜色的RGB值修改为（150，150，150），将【Falloff】（衰减）

的第二个颜色的RGB值修改为（0，0，0），【Glossiness】（光泽度）为0.8，【Subdivs】（细分值）为20，【IOR】（折射率）为1.001，勾选【Affect shadows】（影响阴影），如图4-48所示。

图4-47

图4-48

12．吊灯-灯线材质。

选择一个空白材质球，将材质球类型修改为VRayMtl专业材质。【Diffuse】（漫反射）的RGB值为（10，10，10），【Reflect】（反射）的RGB值为（250，250，250），勾选【Fresnel reflections】（菲涅尔反射），如图4-49所示。

13．装饰画-画框材质。

选择一个空白材质球，将材质球类型修改为VRayMtl专业材质。【Diffuse】（漫反射）的RGB值为（151，131，97），【Reflect】（反射）的RGB值为（88，78，60），【Refl.glossiness】（反射光泽度）为0.85，【Subdivs】（细分值）为10，如图4-50所示。

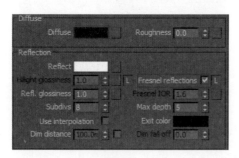

图4-49

图4-50

14．装饰画-画材质。

选择一个空白材质球，将材质球类型修改为VRayMtl专业材质。单击【Diffuse】（漫反射）后的贴图通道，为其指定一张【Bitmap】（位图），加载一张装饰画贴图，如图4-51所示。使用同样的方法制作出其他的装饰画。

15．小饰品-罐子小人材质。

选择一个空白材质球，将材质球类型修改为VRayMtl专业材质。【Diffuse】（漫反射）的RGB值为（15，15，15），【Reflect】（反射）的RGB值为（200，174，133），【Hilight glossiness】（高光光

泽度）为0.6，【Refl.glossiness】（反射光泽度）为0.95，【Subdivs】（细分值）为15，如图4-52所示。

图4-51

图4-52

至此，简约现代客厅的材质基本设置完成。

4.2.4 创建灯光

1. 创建简约现代客厅天光。

在【Front】视图中创建一个跟窗户等大的VRaylight，用来模拟天光。进入修改面板修改灯光的【Multiplier】（倍增值）为2.5，【Color】（颜色）为白色，如图4-53所示。

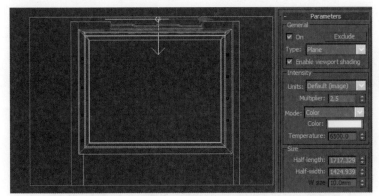

图4-53

在【Front】视图中靠近相机的位置再创建一个跟客厅差不多宽的VRaylight，用来模拟室内的光线，进入修改面板修改灯光的【Multiplier】（倍增值）为2.5，【Color】（颜色）的RGB值为（144，180，245），如图4-54所示。

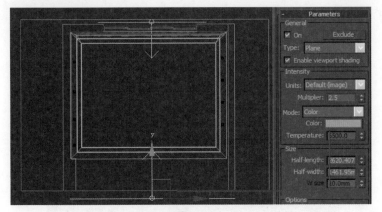

图4-54

渲染相机视图，天光效果如图4-55所示。

图4-55

2．创建简约现代客厅灯带。

灯带已被广泛应用在庭院、地板、天花板、家具、水底、广告、招牌、标志等用于装饰和照明，给各种节庆活动增添了无穷的喜悦和节日气氛，被广泛应用于楼体轮廓、桥梁、护栏、酒店、林苑、舞厅、广告装饰的场所等。灯带还有作为灯的本质优点：发光颜色多变，可调光，可控制颜色变化，可选择单色和RGB的效果，带给环境多彩缤纷的视觉效果。

在【Top】视图中创建一个和天花宽度差不多的VRaylight，如图4-56所示。

图4-56

进入修改面板修改其灯光的【Multiplier】（倍增值）为2，【Color】（颜色）的RGB值为（255，188，70），如图4-57所示。

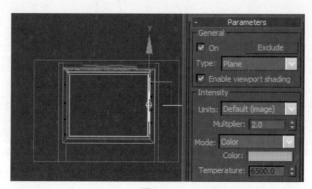

图4-57

使用关联复制的方法复制出其他3边的灯带，使用缩放工具调整好长度，如图4-58所示。

在【Front】视图中选中4个VRaylight，沿着y轴镜像，让VRaylight向顶上发光，并将灯光移动到灯槽的位置，如图4-59所示。

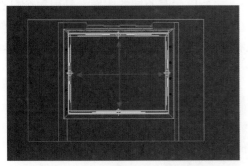

图4-58

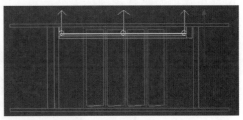

图4-59

渲染相机视图，效果如图4-60所示。

图4-60

3．创建简约现代客厅筒灯灯光。

在Max制作的室内效果图中，可以使用Max自带的【Photometric】（光度学）灯光模拟。在VRay 2.0版本中，增加了VRayIES灯光，专门用来模拟室内天花上的射灯效果。

在【Left】视图中，在筒灯的位置上使用VRayIES从上往下创建一个光域网，如图4-61所示。

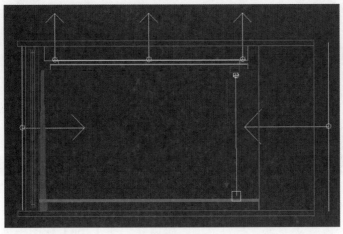

图4-61

进入VRayIES灯光的修改面板，单击【None】（无），加载一个配套光盘中的19号光域网，修改其【Color】（颜色）的RGB值为（255，188，70），【Power】（亮度）值为500，如图4-62所示。

光域网，大家都见过，只是不知道而已，光域网是灯光的一种物理性质，确定光在空气中发散的方式。不同的灯，在空气中的发散方式是不一样的，比如手电筒，它会发一个光束，还有一些壁灯、台灯，它们发出的光，又是另外一种形状，这种形状不同光，就是由于灯自身特性的不同，所呈现出来的。那些不同形状图案就是光域网造成的。之所以会有不同的图案，是因每个灯在出厂时，厂家对每个灯都指定了不同的光域网。在Max文件里，如果给灯光指定一个特殊的文件，就可以产生与现实生活相同的发散效果，这种特殊的文件，标准格式是.IES，很多地方都有下载，大家自己找找。

图4-62

使用关联复制的方法，复制出其他的VRayIES，调整好位置，渲染相机视图，效果如图4-63所示。

图4-63

渲染相机视图，效果如图4-64所示。

图4-64

4．创建简约现代客厅台灯灯光。

通过测试渲染，发现场景缺少台灯光源。所以我们在【Top】视图中创建一个VRaylight，将VRaylight的灯光类型修改为球形。修改灯光的【Multiplier】（倍增值）为30，【Color】（颜色）的RGB值为（255，188，70）。使用关联复制的方法复制出其他的台灯光源，修改后的效果如图4-65所示。

图4-65

4.2.5 调整优化灯光细分值

灯光设置基本完成，接下来我们开始调整灯光亮度。通过测试渲染发现整个场景偏暗，将筒灯的灯光强度提高到800，将灯带的亮度提高到2.5。

单击菜单栏中的【Tools】（工具），进入【VRaylight Lister】（VRay灯光列表），将所有灯光的细分值调整为24，以减少场景的噪点。调整完成后的效果如图4-66所示。

图4-66

4.2.6 制作光子文件

灯光材质制作完成后，接下来就可以渲染光子文件了，为最终渲染大图做准备。制作简约现代客厅光子文件的步骤如下。

步骤01 首先，渲染光子时可以设置一个较小的尺寸，以获得较快的渲染速度。但是这个渲染尺寸也不宜设置得过低，一般应不低于最终渲染尺寸的四分之一即可，如图4-67所示。

图4-67

步骤02 渲染光子的时候，不需要看到最终成图的效果，所以可以在【VRay: Global Switches】（VRay: 全局开关）中勾选【Don't render final image】（不渲染最终图像），如图4-68所示。

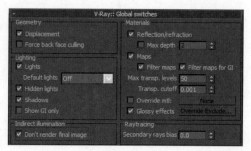

图4-68

步骤03　打开【VRay：Irradiance map】（VRay：发光贴图）面板，在【On render end】（渲染以后）选项栏中，勾选【Don't delete】（不删除）、【Auto save】（自动保存）、【Switch to saved map】（切换到保存的贴图）三个选项，并单击【Browse】（浏览），将光子文件保存到电脑的某个位置，如图4-69所示。

步骤04　用同样的方法设置【VRay：Light cache】（VRay：灯光缓存），如图4-70所示。

图4-69

图4-70

步骤05　设置完成以后，一定记得渲染一下，让整个场景的灯光信息写入到刚才我们保存的那两个空的光子文件中。

步骤06　渲染完成后，会弹出【Load Irradiance map】（加载发光贴图）面板，找到保存的发光贴图的光子文件加载即可。

4.2.7　渲染

　　光子文件渲染完成后，还需要设置最终渲染参数，以获得高质量的图像。具体设置方法如下。

步骤01　提高渲染尺寸。将最终渲染的尺寸设置为1600×1200，如图4-71所示。

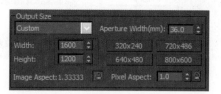

图4-71

步骤02　最终渲染需要得到最终的效果，所以在【VRay：Global Switches】（VRay：全局开关）中取消勾选【Don't render final image】（不渲染最终图像），如图4-72所示。

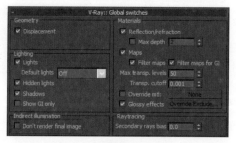

图4-72

步骤03 在【VRay：Image sampler（Antialiasing）】（VRay：图像采样（抗锯齿））面板，将图像采样的Type（类型）修改为【Adaptive DMC】（自适应准蒙特卡洛），并且开启【Antialiasing filter】（抗锯齿过滤器），将抗锯齿的类型设置为【Catmull-Rom】，如图4-73所示。

步骤04 在【VRay：Irradiance map】（VRay：发光贴图）面板，将Current preset（当前预设）·设置为【Hight】（高），【Hsph.subdivs】（半球细分）设置为50，【Interp.samples】（插补采样）设置为40，如图4-74所示。

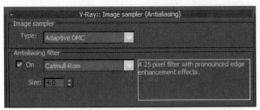

图4-73

图4-74

步骤05 在【VRay：Light cache】（VRay：灯光缓存）面板，将细分值设置为1200，同时将【Sample Size】（采样尺寸）设置为0.001，如图4-75所示。

步骤06 在【VRay：DMC sampler】（VRay：准蒙特卡洛采样）中，设置【Adaptive amount】（自适应数量）为0.75，【Min samples】（最小采样）为12，【Noise threshold】（噪波阈值）为0.001，如图4-76所示。

图4-75

图4-76

4.2.8 创建材质通道

渲染完成后，一般来说场景的明暗和颜色都需要我们在后期软件Photoshop中调整，这就涉及到如何快速的选择我们想要的调整的部分，所以在成图渲染完成后，我们可以渲染一个颜色通道。具体操作如下。

步骤01 将最终材质和灯光都调整好的Max文件打开，另存一份，注意这个步骤非常重要，因为我们选择的是使用脚本来渲染颜色通道，这个操作是不可撤销的。所以，为了避免对原始调整好的Max文件造成破坏，一定要备份。

步骤02 将已经备份的Max文件里的灯光全部删除，并且将场景的渲染器由VRay渲染器还原为默认渲染器。

步骤03 打开配套光盘"场景文件\第4章\script"文件夹，将"渲染材质ID"脚本直接按住鼠标左键拖放到Max场景中。

步骤04 首先勾选"转换所有材质→Standard"，然后单击"转换为材质通道渲染"，如图4-77所示。

图4-77

步骤05 单击渲染按钮，渲染完成后的效果如图4-78所示。

图4-78

4.2.9 制作材质AO通道

AO我们又把它称为OCC，全拼为 Occlusion，是大部分三维软件（如Maya，3ds Max等）都具有的一种材质计算方法，其原理是通过三维软件中的渲染器，模拟出现实世界真实的天光阴影效果。在室内效果图的制作过程中，AO对于后期Photoshop处理来说，意义非常重大。它可以模拟真实的光线受物体阻挡所产生的明暗变化，让我们制作的效果图更真实。具体制作步骤如下。

步骤01 将最终材质和灯光都调整好的Max文件打开，删掉场景中的所有灯光。

步骤02 将VRay渲染器重置，并调节一下AO渲染参数。首先设置VRay全局开关面板。打开【VRay: Global Switches】（VRay: 全局开关），在【Lighting】（灯光）选项栏中选择【Default lights: Off】（默认灯光: 关），如图4-79所示。

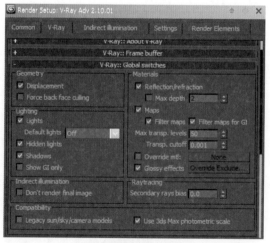

图4-79

步骤03 然后在【VRay: Image sampler（Antialiasing）】（VRay: 图像采样（抗锯齿））面板，将图像采样的Type（类型）修改为【Adaptive DMC】（自适应准蒙特卡洛），并且开启【Antialiasing filter】（抗锯齿过滤器），将抗锯齿的类型设置为【Catmull-Rom】，如图4-80所示。

图4-80

步骤04 AO测试参数设置完成后，我们还需要调节一个专门的AO材质。选择一个空白材质球，将材质球类型修改为【Standard】专业材质。【Diffuse】（漫反射）的RGB值为（255，255，255），单击【Diffuse】后的贴图通道，为其添加一张【VRayDirt】（VRay脏旧）贴图。在【VRayDirt】（VRay脏旧）面板中将脏旧的【Radius】（半径）设置为800，将【Subdivs】（细分值）设置为50，回到主材质面板，找到【Self-Illumination】（自发光），将自发光的强度设置为100，如图4-81所示。

步骤05 如果场景中具有半透明特性的物体，比如说玻璃、酒水、窗纱等，还需要在上面AO材质的基础上将材质的透明度修改为50，如图4-82所示。

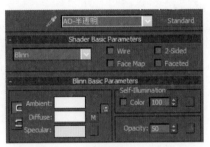

图4-81   图4-82

步骤06 材质调整好了以后，按场景中对象的属性分别赋予AO材质，单击渲染按钮，效果如图4-83所示。需要读者特别注意的是，不管是渲染材质ID通道还是渲染AO图都需要保持先前渲染成图的相机角度不变、渲染尺寸不变。否则最终到Photoshop中进行后期处理叠加的时候，会因为位置不对而变得没有意义。

图4-83

渲染完成后的效果如图4-84所示。

图4-84

4.2.10 Photoshop后期处理

步骤01 启动Photoshop，打开配套光盘"场景文件\第4章\jpeg"提供的"现代简约客厅"以及"现代简约客厅AO"两张图像。

步骤02 激活移动工具，快捷键为"V"，按住"Shift"键的同时将图像"现代简约客厅AO"拖动到"现代简约客厅"图层中，然后删掉"现代简约客厅AO"，如图4-85所示。

图4-85

步骤03 使用键盘上的组合快捷键"Ctrl+J"将图层0复制一个，这样可以避免对源图像造成破坏，如图4-86所示。

步骤04 选中图层1（AO层），将图层1的图层混合模式修改为"柔光"，不透明度设置为50，如图4-87所示。

图4-86

图4-87

步骤05 选中图层1，为其添加一个"亮度/对比度"的调整类蒙版，如图4-88所示。将"亮度"提高到10，"对比度"提高到20，如图4-89所示。

图4-88

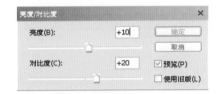

图4-89

步骤06 接着为其添加一个"色相/饱和度"的调整类蒙版，将饱和度调整为20，如图4-90所示。

步骤07 为其再次添加一个"曲线"的调整类蒙版，将曲线的形状调整为如图4-91所示的样子，目的是为了让画面亮的地方更亮，暗的地方更暗，对比强烈。

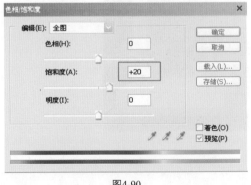

图4-90

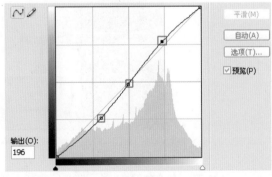

图4-91

步骤08 选中最上方的"曲线"调整类蒙版，按下键盘上的组合快捷键"Ctrl+Alt+Shift+E"盖印一个图层（将所有图层合并），执行滤镜/锐化/智能锐化命令，如图4-92所示。在弹出的智能锐化面板中，将锐化的数量调整为20，让图像看起来更清晰一些，如图4-93所示。

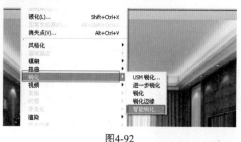

图4-92

图4-93

步骤09　激活裁剪工具，快捷键为"C"，将画面多余的部分裁掉，如图4-94所示。

图4-94

至此，Photoshop中的处理基本完成，效果如图4-95所示。

图4-95

4.3　本章小结

　　本章主要讲解了现代简约客厅的装饰风格以及现代简约客厅效果图的制作方法，希望读者可以了解室内效果图的基本制作流程。只要勤加练习，一定可以制作出令自己满意的作品。

第5章
最美中国风——中式客厅

在国际化的浪潮中，我们不断借鉴欧美优秀的东西，欧式装修、欧式服饰等都点缀着我们生活的每一个细节。在努力向欧美学习的同时，我们绝不能摒弃中华民族五千年来沉淀下来的文化宝藏。我们应该把更多的目光投向传统文化，积极推进中式风格装修的发展，发扬中国传统的东方神韵，将中国文化融入我们的设计中。

本章我们通过欣赏一些优秀的中式客厅图片，让读者了解中式客厅的一些装饰特点，并通过一个实例，让大家在自己动手设计制作过程中感受传统装修的魅力。

本章要点

- 中式客厅风格介绍。
- 中式客厅相机架设。
- 中式客厅材质制作。
- 中式客厅灯光制作。
- 中式客厅渲染。
- 中式客厅后期处理。

5.1 中式客厅风格介绍

中式客厅的构成主要体现在传统家具（多以明清家具为主），装饰品及黑、红为主的装饰色彩上，如图5-1所示。

室内多采用对称式的布局方式，格调高雅，造型简朴优美。室内陈设包括字画、匾幅、挂屏、盆景、瓷器、古玩、屏风、博古架等，追求一种修身养性的生活境界，如图5-2所示。

图5-1

图5-2

中国传统室内装饰艺术的特点是总体布局对称均衡，端正稳健，而在装饰细节上崇尚自然情趣，花鸟、鱼虫等精雕细琢，富于变化，充分体现出中国传统美学精神，如图5-3所示。

喜欢中式风格的人，总是喜欢它的雅致静谧的气息和古典的宁静美。即使在科技高速发展的今天，中式设计依然毫不过时，如图5-4所示。

图5-3　　　　　　　　　　　　　　　　　　　　　图5-4

中式风格不是纯粹的元素堆砌，很多设计是中式古典与现代欧式结合，擦出的魅惑火花。简而言之，时代需要发展，设计师的灵感也要随之与时俱进。只有用心的设计，才是最好的设计。

5.2　中式客厅的设计与制作

5.2.1　创建相机

步骤01　打开配套光盘中的"场景文件\第5章\max\中式客厅-初始.max文件。单击命令面板【Cameras】（相机）下的【Target】（目标相机），在【Top】视图中创建一个如图5-5所示的相机。

步骤02　进入【Front】视图，调整相机的高度，如图5-6所示。

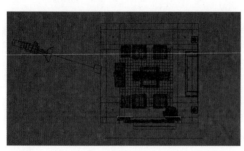

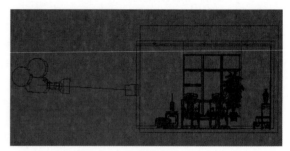

图5-5　　　　　　　　　　　　　　　　　　　　　图5-6

步骤03　进入相机的修改面板修改相机的镜头，如图5-7所示。

步骤04　按下键盘上的"Shift+F"组合快捷键开启安全框，相机视图效果如图5-8所示。

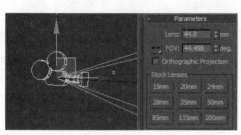

图5-7　　　　　　　　　　　　　　　　　　　　　图5-8

到此，场景的相机基本架设完成。接下来，设置中式客厅的VRay测试渲染参数。

5.2.2 设置VRay测试渲染参数

步骤01 按"F10"快捷键,弹出【Render Setup】(渲染设置)面板,在【Common】(通用)子面板下单击【Assign Renderer】(指定渲染器)卷展栏。单击Production(产品级)后的 (选择渲染器),弹出【Choose Renderer】,然后将VRay Adv 2.10.01指定为当前渲染器。

步骤02 将测试渲染时的渲染尺寸设置为一个较小的值,如图5-9所示。

步骤03 在【VRay: Frame buffer】(VRay: 帧缓存)面板中,勾选【Enable built-in Frame Buffer】(启用VRay内置的帧缓存),如图5-10所示。

图5-9

图5-10

步骤04 打开【VRay: Global Switches】(VRay: 全局开关)面板,在【Lighting】(灯光)选项栏中选择【Default lights: off】(默认灯光: 关),如图5-11所示。

步骤05 在【VRay: Image sampler(Antialiasing)】(VRay: 图像采样(抗锯齿))面板中,将图像采样的Type(类型)修改为Fixed(固定比例),并且关闭Antialiasing filter(抗锯齿过滤器),目的是获得更快的渲染速度,如图5-12所示。

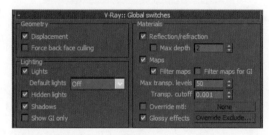

图5-11

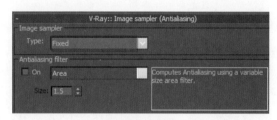

图5-12

步骤06 设置全局光渲染引擎。打开【VRay: Indirect illumination(GI)】(VRay: 间接照明)面板,开启GI,然后将二次反弹设置为Light cache(灯光缓存),如图5-13所示。

步骤07 打开【VRay: Irradiance map】(VRay: 发光贴图)面板,将Current preset(当前预设)设置为Low(低),勾选Show calc.phase(显示计算相位),便于在测试渲染的时候能快速预览到渲染效果,如图5-14所示。

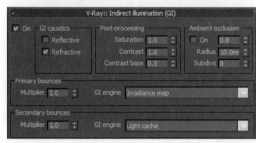

图5-13

图5-14

步骤08 打开【VRay: Light cache】(VRay: 灯光缓存)面板,将细分值设置为100,同时勾选Show calc.phase(显示计算相位),如图5-15所示。

图5-15

至此，测试阶段有关渲染器的设置就全部设置完成。

5.2.3 创建材质

步骤01 创建中式客厅墙体材质。选择一个空白材质球，将材质球类型修改为VRayMtl专业材质。单击【Diffuse】（漫反射）后的贴图通道，为其添加一个【Bitmap】（位图），加载一张"墙砖"贴图，如图5-16所示。在下面的【Maps】（贴图）面板中，单击【Bump】（凹凸）后的贴图通道，为其添加一个【Bitmap】（位图），加载一张"墙砖凹凸"贴图。将凹凸的强度调整为80，如图5-17所示。最后为其添加一个【UVW map】修改器。

图5-16

图5-17

步骤02 创建中式客厅墙体材质。选择一个空白材质球，将材质球类型修改为VRayMtl专业材质。设置【Diffuse】（漫反射）颜色RGB值为（250，250，250），如图5-18所示。

步骤03 创建中式客厅天花暗槽材质。选择一个空白材质球，将材质球类型修改为VRayMtl专业材质。修改【Diffuse】（漫反射）的RGB值为（65，37，22）。【Reflect】（反射）的RGB值为（250，250，250），【Refl.glossiness】（反射光泽度）为0.8，【Subdivs】（细分值）为20，勾选【Fresnel reflections】（菲涅尔反射），如图5-19所示。

图5-18

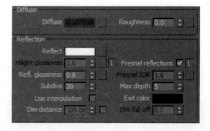

图5-19

步骤04 创建中式客厅地砖材质。选择一个空白材质球，将材质球类型修改为VRayMtl专业材质。单击【Diffuse】（漫反射）后的贴图通道，为其添加一个【Bitmap】（位图），加载一张"地砖"贴图。【Reflect】（反射）的RGB值为（20，20，20），【Hilight.glossiness】（高光光泽度）为0.56，【Refl.glossiness】（反射光泽度）为0.9，【Subdivs】（细分值）为20，如图5-20所示。在下面的【Maps】（贴图）面板中，单击【Bump】（凹凸）后的贴图通道，为其添加一个【Bitmap】（位图），加载一张"墙砖凹凸"贴图。将凹凸的强度调整为100，如图5-21所示。最后为其添加一个【UVW map】修改器。

图5-20　　　　　　　　　　　　　　　图5-21

步骤05　　创建中式客厅木纹材质。选择一个空白材质球，将材质球类型修改为VRayMtl专业材质。单击【Diffuse】（漫反射）后的贴图通道，为其添加一个【Bitmap】（位图），加载一张"黑木纹"贴图。【Reflect】（反射）的RGB值为（40，40，40），【Hilight.glossiness】（高光光泽度）为0.75，【Refl.glossiness】（反射光泽度）为0.9，【Subdivs】（细分值）为20，如图5-22所示。最后为其添加一个【UVW map】修改器，将木纹材质赋予场景中的椅子、茶几、电视柜、背景墙等物体。

步骤06　　创建中式客厅茶几-紫砂壶材质。选择一个空白材质球，将材质球类型修改为VRayMtl专业材质。修改【Diffuse】（漫反射）的RGB值为（56，25，20），【Reflect】（反射）的RGB值为（200，200，200），【Refl.glossiness】（反射光泽度）为0.65，勾选【Fresnel reflections】（菲涅尔反射），将【Fresnel IOR】（菲涅尔折射率）调整为2.0，如图5-23所示。

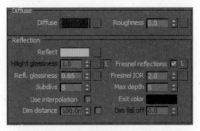

图5-22　　　　　　　　　　　　　　　图5-23

步骤07　　创建中式客厅茶几-绸布材质。选择一个空白材质球，将材质球类型修改为VRayMtl专业材质。单击【Diffuse】（漫反射）后的贴图通道，为其添加一个【Bitmap】（位图），加载一张"绸布"贴图。【Reflect】（反射）的RGB值为（58，47，28），【Refl.glossiness】（反射光泽度）为0.55，【Subdivs】（细分值）为20，将其赋予茶几布和窗帘，如图5-24所示。

图5-24

步骤08　　创建中式客厅坐凳-藤编材质。选择一个空白材质球，将材质球类型修改为VRayMtl专业材质。单击【Diffuse】（漫反射）后的贴图通道，为其添加一个【Bitmap】（位图），加载一张"藤编"贴图。【Reflect】（反射）的RGB值为（40，40，40），【Refl.glossiness】（反射光泽度）为0.8，【Subdivs】（细分值）为16，如图5-25所示。在下面的【Maps】（贴图）面板中，单击【Bump】（凹凸）后的贴图通道，加载一张"藤编凹凸"贴图。将凹凸的强度调整为80，如图5-26所示。最后为其添加一个【UVW map】修改器。

图5-25 图5-26

步骤09 创建中式客厅坐凳-布纹材质。选择一个空白材质球，将材质球类型修改为VRayMtl专业材质。单击【Diffuse】（漫反射）后的贴图通道，为其添加一个【Bitmap】（位图），加载一张"布纹"贴图，如图5-27所示。

步骤10 创建中式客厅台灯-中国结材质。选择一个空白材质球，将材质球类型修改为VRayMtl专业材质。修改【Diffuse】（漫反射）的RGB值为（255，0，0）。【Reflect】（反射）的RGB值为（20，20，20），【Hilight.glossiness】（高光光泽度）为0.7，【Refl.glossiness】（反射光泽度）为0.65，如图5-28所示。

图5-27 图5-28

步骤11 创建中式客厅台灯-灯罩材质。选择一个空白材质球，将材质球类型修改为Standard标准材质。单击【Diffuse】（漫反射）后的贴图通道，为其添加一个【Bitmap】（位图），加载一张"台灯字画"贴图。将【Self-Illumination】（自发光）修改为20，如图5-29所示。

步骤12 创建中式客厅窗纱材质。选择一个空白材质球，将材质球类型修改为VRayMtl专业材质。修改

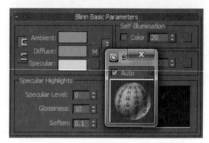

图5-29

【Diffuse】（漫反射）的RGB值为（250，250，250），如图5-30所示。单击【Refract】（折射）后的贴图通道，为其添加一个【falloff】（衰减）贴图，在衰减贴图面板中，将【color1】（颜色1）的RGB值修改为（30，30，30），将【color2】（颜色2）的RGB值修改为（0，0，0），如图5-31所示。将【IOR】（折射率）修改为1.01，接近真空。【Glossiness】（光泽度）设置为0.85，【Subdivs】（细分值）为25。勾选【Affect shadows】（影响阴影），如图5-32所示。

步骤13 创建中式客厅电视-金属壳材质。选择一个空白材质球，将材质球类型修改为VRayMtl专业材质。修改【Diffuse】（漫反射）的RGB值为（94，94，94）。【Reflect】（反射）的RGB值为（184，187，196），【Refl.glossiness】（反射光泽度）为0.8，【Subdivs】（细分值）为20，如图5-33所示。

图5-30 图5-31

图5-32　　　　　　　　　　　　　　　　　　　　图5-33

至此，整个中式客厅主体的材质基本制作完成。接下来，开始制作中式客厅的灯光效果。

5.2.4　创建灯光

步骤01　创建中式客厅天光。首先在【Front】视图中靠近窗口的位置创建一个跟窗口差不多大的VRaylight模拟天光。在【Top】视图将其移动到窗户外面，如图5-34所示。进入灯光的修改面板，修改灯光的【Multiplier】（倍增值）为6，【Color】（颜色）的GRB值为（163，200，255）。同时勾选【Invisible】（不可见），如图5-35所示。

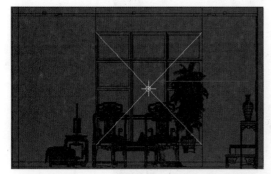
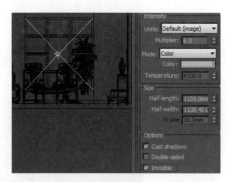

图5-34　　　　　　　　　　　　　　　　　　　图5-35

天光调整完成后，渲染相机视图，效果如图5-36所示。需要大家注意的是，一般情况下，天光都是偏冷色系的。

图5-36

步骤02　创建中式客厅主光。在【Top】视图将天光向内复制一个，将其移动到窗户里面，如图5-37所示。进入灯光的修改面板，修改灯光的【Multiplier】（倍增值）为2，【Color】（颜色）的GRB值为（250，250，250）。同时勾选【Invisible】（不可见），如图5-38所示。

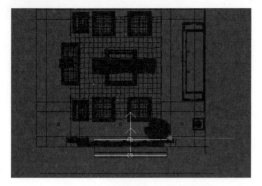

图5-37　　　　　　　　　　　　　　　　　　　图5-38

渲染相机视图，效果如图5-39所示。

图5-39

步骤03 创建中式客厅灯带。首先在【Front】视图中靠天花灯槽的位置创建一个跟灯槽长宽差不多大的VRaylight模拟灯带。在【Top】视图将其移动到适当位置，关联复制出其他3个，如图5-40所示。进入灯光的修改面板，修改灯光的【Multiplier】（倍增值）为1.5，【Color】（颜色）的GRB值为（255，180，99）。勾选【Double-sided】（双面），同时勾选【Invisible】（不可见），如图5-41所示。

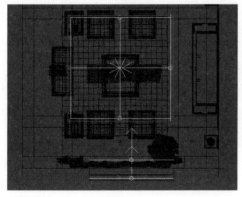

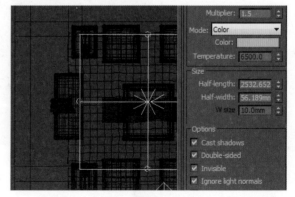

图5-40　　　　　　　　　　　　　　　　　　　图5-41

渲染相机视图，效果如图5-42所示。

图5-42

步骤04 创建中式客厅筒灯灯光。在【Front】视图中创建一个VRayIES，在【Top】视图中将其关联复制到壁灯的位置。进入灯光的修改面板，单击【None】，加载一个"19"的光域网，如图5-43所示。修改灯光的【Power】(亮度) 为1000，【Color】(颜色) 的GRB值为 (253，177，96)，如图5-44所示。

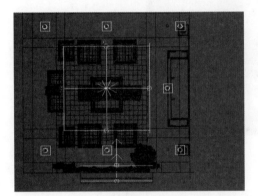

图5-43

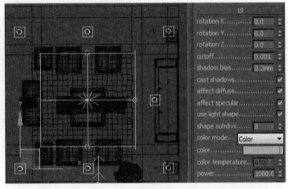

图5-44

渲染相机视图，效果如图5-45所示。

图5-45

步骤05 创建中式客厅阳光。在【Top】视图中灯带的位置创建一个VRaysun，在【Front】视图中将VRaysun移动到适当的高度，如图5-46所示。进入太阳光的修改面板，修改太阳光的【intensity multiplier】（密度倍增）为0.03，如图5-47所示。

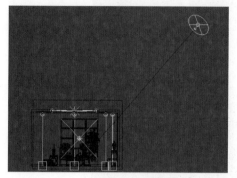

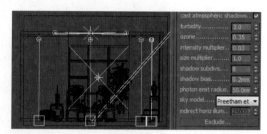

图5-46　　　　　　　　　　　　　　　　　　　　　　图5-47

渲染相机视图，效果如图5-48所示。

图5-48

通过观察渲染的图像可以看出，在靠近相机的位置还是比较暗，此时需要我们创建一个补光来将暗部照亮。

步骤06 创建中式客厅补光。在【Top】视图中靠近相机的角度创建一个VRaylight，进入灯光的修改面板，修改灯光的【Type】（类型）为【Sphere】（球形），【Radius】（半径）为1100，【Multiplier】（倍增值）为3，【Color】（颜色）的GRB值为（161，188，229），同时勾选【Invisible】（不可见），如图5-49所示。

图5-49

渲染相机视图，效果如图5-50所示。

图5-50

至此，整个中式书房的灯光基本制作完成，接下来可以准备渲染光子文件然后渲染大图。

5.2.5 调整优化灯光细分值

单击菜单栏中的【Tools】（工具），进入【VRaylight Lister】（VRay灯光列表），将所有灯光的细分值调整为24，以减少场景的噪点，如图5-51所示。

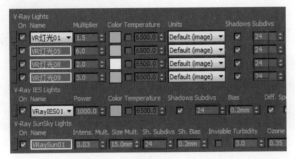

图5-51

5.2.6 制作光子文件

步骤01 在制作光子文件时，我们可以渲染一个尺寸较小的图像，如图5-52所示。

步骤02 在【VRay：Global Switches】（VRay：全局开关）中勾选【Don't render final image】（不渲染最终图像），如图5-53所示。

图5-52

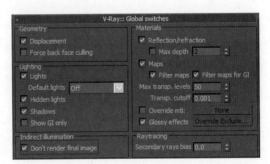

图5-53

步骤03 打开【VRay：Irradiance map】（VRay：发光贴图）面板，在【On render end】（渲染以后）选

项栏中，勾选【Don't delete】（不删除）、【Auto save】（自动保存）、【Switch to saved map】（切换到保存的贴图）三个选项，并单击【Browse】（浏览），将光子文件保存到电脑的某个位置，如图5-54所示。

步骤04 同样的方法设置【VRay: Light cache】（VRay: 灯光缓存），如图5-55所示。

图5-54

图5-55

步骤05 设置完成以后，一定记得渲染一下，让整个场景的灯光信息写入到刚才我们保存的那两个空的光子文件中。

步骤06 渲染完成后，会弹出【Load Irradiance map】（加载发光贴图）面板，找到保存的发光贴图的光子文件加载即可。

5.2.7 渲染

步骤01 提高渲染尺寸。将最终渲染的尺寸设置为1600×1200，如图5-56所示。

步骤02 最终渲染需要得到最终的效果，所以在【VRay: Global Switches】（VRay: 全局开关）中取消勾选【Don't render final image】（不渲染最终图像），如图5-57所示。

图5-56

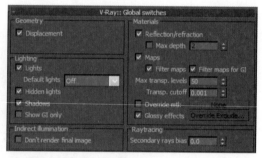

图5-57

步骤03 在【VRay: Image sampler（Antialiasing）】（VRay: 图像采样（抗锯齿））面板，将图像采样的Type（类型）修改为【Adaptive DMC】（自适应准蒙特卡洛），并且开启【Antialiasing filter】（抗锯齿过滤器），将抗锯齿的类型设置为【Catmull-Rom】，如图5-58所示。

步骤04 在【VRay: Irradiance map】（VRay: 发光贴图）面板，将Current preset（当前预设）设置为【Hight】（高），【Hsph.subdivs】（半球细分）设置为50，【Interp.samples】（插补采样）设置为40，如图5-59所示。

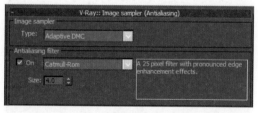

图5-58

图5-59

步骤05 在【VRay: Light cache】（VRay: 灯光缓存）面板，将细分值设置为1200，同时将【Sample size】（采样尺寸）设置为0.001，如图5-60所示。

步骤06 在【VRay: DMC sampler】（VRay: 准蒙特卡洛采样）面板中，设置【Adaptive amount】（自适应数量）为0.75，【Min samples】（最小采样）为12，【Noise threshold】（噪波阈值）为0.001，如图5-61所示。

图5-60

图5-61

渲染完成后的效果如图5-62所示。

图5-62

5.2.8 创建材质通道

步骤01 将最终材质和灯光都调整好的Max文件打开，另存一份，将已经备份的Max文件里的灯光全部删除，并且将场景的渲染器由VRay渲染器还原为默认渲染器。

步骤02 打开配套光盘中的"场景文件\第5章\Script"文件夹，将"渲染材质ID"脚本直接按住鼠标左键拖放到Max场景中。

步骤03 首先勾选"转换所有材质→Standard"，然后单击"转换为材质通道渲染"，如图5-63所示。

图5-63

步骤04 单击渲染按钮，渲染完成后的效果如图5-64所示。

图5-64

5.2.9 制作材质AO通道

步骤01 将最终材质和灯光都调整好的Max文件打开，备份一个。删掉场景中的所有灯光。

步骤02 将VRay渲染器重置，并调节一下AO渲染参数。首先设置VRay全局开关面板。打开【VRay：Global Switches】（VRay：全局开关）面板，在【Lighting】（灯光）选项栏中选择【Default lights：Off】（默认灯光：关），如图5-65所示。

步骤03 在【VRay：Image sampler（Antialiasing）】（VRay：图像采样（抗锯齿））面板，将图像采样的Type（类型）修改为【Adaptive DMC】（自适应准蒙特卡洛），并且开启【Antialiasing filter】（抗锯齿过滤器），将抗锯齿的类型设置为【Catmull-Rom】，如图5-66所示。

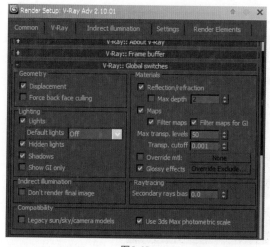

图5-65   图5-66

步骤04 现在我们还需要调节一个专门的AO材质。选择一个空白材质球，将材质球类型修改为【Standard】专业材质。【Diffuse】（漫反射）的RGB值为（255，255，255），单击【Diffuse】后的贴图通道，为其添加一张【VRayDirt】（VRay脏旧）贴图。在【VRayDirt】（VRay脏旧）面板中将脏旧的【Radius】（半径）设置为800，将【Subdivs】（细分值）设置为50。回到主材质面板，找到【Self-Illumination】（自发光），将自发光的强度设置为100，如图5-67所示。

步骤05 如果场景中具有半透明特性的物体，比如说玻璃、酒水、窗纱等，还需要在上面AO材质的基础上将材质的透明度修改为50，如图5-68所示。

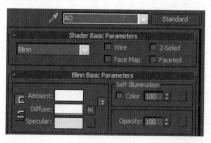
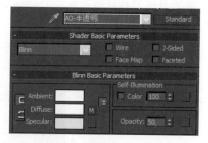

图5-67   图5-68

 注 意

渲染AO图都需要保持先前渲染成图的相机角度不变、渲染尺寸不变，否则最终到Photoshop中进行后期处理叠加的时候，就会因为位置不对而变得没有意义，效果如图5-69所示。

图5-69

5.2.10 Photoshop后期处理

步骤01 启动Photoshop，打开配套光盘"场景文件\第5章\jpeg"提供的"中式客厅"以及"中式客厅AO"两张图像。

步骤02 激活移动工具，快捷键为"V"，按住"Shift"键的同时将图像"中式客厅AO"拖动到"中式客厅"图层中，然后删掉"中式客厅AO"，如图5-70所示。

图5-70

步骤03 使用键盘上的组合快捷键"Ctrl+J"将图层0复制一个，这样可以避免对源图像造成破坏，如图5-71所示。

步骤04 选中图层1（AO层），将图层1的图层混合模式修改为"柔光"，不透明度设置为30，如图5-72所示。

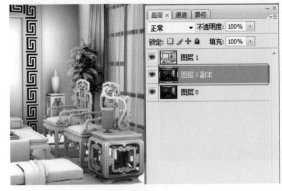

图5-71

图5-72

步骤05 选中图层1，为其添加一个"亮度/对比度"的调整类蒙版，如图5-73所示。将对比度调高到30，亮度为30，如图5-74所示。

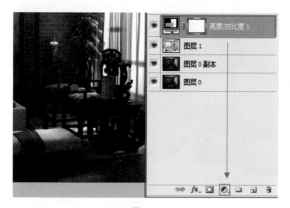

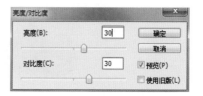

图5-73   图5-74

步骤06 接着为其添加一个"色相/饱和度"的调整类蒙版，将饱和度调整为30，如图5-75所示。

步骤07 为其再次添加一个"色阶"的调整类蒙版，将曲线的形状调整为如图5-76所示的样子，目的是为了让画面亮的地方更亮，暗的地方更暗，对比强烈。

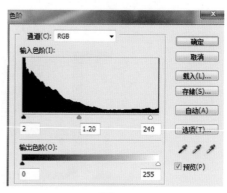

图5-75   图5-76

步骤08 选中最上方的"色阶"调整类蒙版，按下键盘上的组合快捷键"Ctrl+Alt+Shift+E"盖印一个图层（将所有图层合并），执行滤镜/锐化/智能锐化命令，如图5-77所示。在智能锐化面板中，将锐化的数量调整为30，让图像看起来更清晰一些，如图5-78所示。

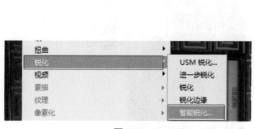

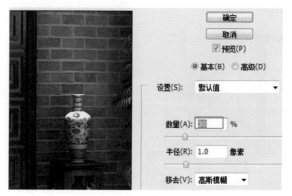

图5-77   图5-78

至此，Photoshop处理基本完成，效果如图5-79所示。

图5-79

5.3 本章小结

　　通过对本章的学习，希望读者能够了解中式客厅的装饰特点，了解室内白天灯光的基本布置方法。在实际学习过程中，多动脑、勤动手，使场景效果更加逼真，更加具有中国古典装饰的韵味。

书房是我们业余时间，学习、工作、阅读、书写的空间，是一些文教、科技、艺术工作者必备的活动空间。书房的布置一般需要持相对的独立性，其设计布置原则，应该以最大限度地方便使用者为出发点。特别是对于一些从事专业工作者如美术、音乐、写作、设计等人士，我们应该根据他们的切实需要来设计他们的书房空间。

本章重点介绍了中式书房的设计特点，希望可以给读者一些参考。同时也详细地讲解了中式书房日景的表现手法。

本章要点

- 中式书房风格介绍。
- 中式书房相机架设。
- 中式书房材质制作。
- 中式书房灯光制作。
- 中式书房渲染。
- 中式书房后期处理。

6.1 中式书房介绍

书房，是人们结束一天工作之后再次回到办公环境的一个场所。因此，它既是办公室的延伸，又是家庭生活的一部分。书房的双重性使其在家庭环境中处于一种独特的地位，如图6-1所示。

图6-1

书房是读书写字或工作的地方，需要宁静、沉稳的感觉，人在其中才不会心浮气躁。传统中式书房从陈列到规划，从色调到材质，都表现出雅静的特征，因此也深得不少现代人的喜爱。在现代家居中，拥有一个"古味"十足的书房、一个可以静心潜读的空间，自然是一种更高层次的享受，如图6-2和图6-3所示。

图6-2

图6-3

中式书房由于中式家具的颜色较重，虽可营造出稳重效果，但也容易陷于沉闷、阴暗，因此中式书房最好有大面积的窗户，让空气流通，并引入自然光及户外景致，如图6-4所示。

图6-4

　　现代家居苦于空间条件所限，无法开足够大的窗子，那么在灯光照明上应该缜密考虑，必须保证有充足且舒适的光源。精致的盆栽也是书房中不可忽略的装饰细节。绿色植物不仅让空间富生命力，对于长时间思考的人来说，也有助于舒缓精神，如图6-5所示。

图6-5

6.2　中式书房的设计与制作

6.2.1　创建相机

步骤01　打开配套光盘中的"场景文件\第6章\max\中式书房.max"文件。单击命令面板【Cameras】（相机）下的【Target】（目标相机），在【Top】视图中创建一个如图6-6所示的相机。

步骤02　进入【Front】视图，调整相机的高度，如图6-7所示。

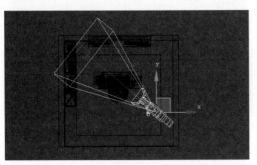
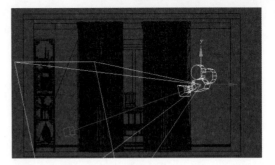

图6-6　　　　　　　　　　　　　　　　　　　图6-7

步骤03　进入相机的修改面板修改相机的镜头，如图6-8所示。

步骤04　进入相机的修改面板，将相机修改为切角相机。调整【Near Clip】（近切）和【Far Clip】（远切），如图6-9所示。

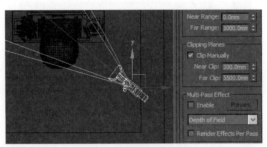

图6-8　　　　　　　　　　　　　　　　　　　图6-9

步骤05　按下键盘上的组合快捷键"Shift+F"开启安全框，相机视图效果如图6-10所示。

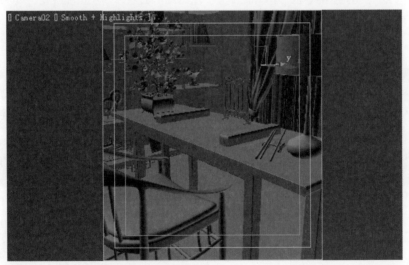

图6-10

6.2.2　设置VRay测试渲染参数

步骤01　按"F10"键，弹出【Render Setup】（渲染设置）面板，在【Common】（通用）子面板下单击【Assign Renderer】（指定渲染器）卷展栏。单击Production（产品级）后的▢▢▢（选择渲染器），弹出【Choose Renderer】，然后将VRay Adv 2.10.01指定为当前渲染器。

步骤02　将测试渲染时的渲染尺寸设置为一个较小的值，如图6-11所示。

步骤03　在【VRay: Frame buffer】（VRay: 帧缓存）面板中，勾选【Enable built-in Frame Buffer】（启

用VRay内置的帧缓存），如图6-12所示。

图6-11

图6-12

步骤04 打开【VRay: Global Switches】（VRay: 全局开关）面板，在【Lighting】（灯光）选项栏中选择【Default lights: Off】（默认灯光: 关），如图6-13所示。

步骤05 在【VRay: Image sampler（Antialiasing）】（VRay: 图像采样（抗锯齿））面板中，将图像采样的Type（类型）修改为Fixed（固定比例），并且关闭Antialiasing filter（抗锯齿过滤器），目的是获得更快的渲染速度，如图6-14所示。

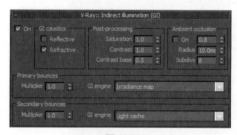

图6-13

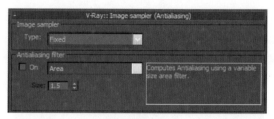

图6-14

步骤06 设置全局光渲染引擎。打开【VRay: Indirect illumination（GI）】（VRay: 间接照明）面板，开启GI，然后将二次反弹设置为Light cache（灯光缓存），如图6-15所示。

步骤07 打开【VRay: Irradiance map】（VRay: 发光贴图）面板，将Current preset（当前预设）设置为Low（低），勾选Show calc.phase（显示计算相位），便于在测试渲染的时候能快速预览到渲染效果，如图6-16所示。

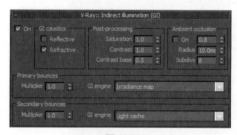

图6-15

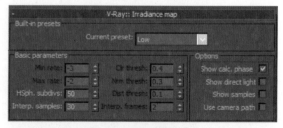

图6-16

步骤08 打开【VRay: Light cache】（VRay: 灯光缓存）面板，将细分值设置为100，同时勾选Show calc.phase（显示计算相位），如图6-17所示。

　　至此，测试阶段有关渲染器的设置就全部设置完成。

图6-17

6.2.3 创建材质

步骤01 创建中式书房墙体材质。选择一个空白材质球，将材质球类型修改为VRayMtl专业材质。设置【Diffuse】（漫反射）颜色RGB值为（250，250，250），如图6-18所示。

步骤02 创建中式书房墙纸材质。选择一个空白材质球，将材质球类型修改为VRayMtl专业材质。单击【Diffuse】（漫反射）后的贴图通道，为其添加一个【Bitmap】（位图），加载一张"墙纸"贴图，如图6-19所示。最后为其添加一个【UVW map】修改器。

图6-18

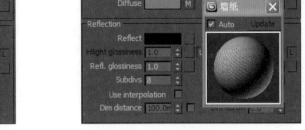

图6-19

步骤03　创建中式书房地板材质。选择一个空白材质球，将材质球类型修改为VRayMtl专业材质。单击【Diffuse】（漫反射）后的贴图通道，为其添加一个【Bitmap】（位图），加载一张"木地板"贴图。【Reflect】（反射）的RGB值为（20，20，20），【Hilight.glossiness】（高光光泽度）为0.7，【Refl.glossiness】（反射光泽度）为0.9，【Subdivs】（细分值）为15，如图6-20所示。最后为其添加一个【UVW map】修改器。使用同样的方法制作踢脚线的材质。

步骤04　创建中式书房门窗材质。选择一个空白材质球，将材质球类型修改为VRayMtl专业材质。修改【Diffuse】（漫反射）的RGB值为（10，10，10），【Reflect】（反射）的RGB值为（20，20，20），【Hilight.glossiness】（高光光泽度）为0.6，【Refl.glossiness】（反射光泽度）为0.8，如图6-21所示。

图6-20

图6-21

步骤05　创建中式书房门窗材质。选择一个空白材质球，将材质球类型修改为VRayMtl专业材质。修改【Diffuse】（漫反射）的RGB值为（175，125，45），【Reflect】（反射）的RGB值为（25，25，25），【Hilight.glossiness】（高光光泽度）为0.55，【Refl.glossiness】（反射光泽度）为0.7，在下面的【Maps】（贴图）面板中，单击【Bump】（凹凸）后的贴图通道，为其添加一个【Bitmap】（位图），加载一张"窗帘凹凸"贴图，如图6-22所示。最后为其添加一个【UVW map】修改器。

图6-22

步骤06 创建中式书房窗纱材质。选择一个空白材质球，将材质球类型修改为VRayMtl专业材质。修改【Diffuse】（漫反射）的RGB值为（250，250，250），【Refract】（折射）为（150，150，150），将【IOR】（折射率）修改为1.01，接近真空。【Glossiness】（光泽度）设置为0.8，【Subdivs】（细分值）为20。勾选【Affect shadows】（影响阴影），如图6-23所示。

步骤07 创建中式书房书桌材质。选择一个空白材质球，将材质球类型修改为VRayMtl专业材质。单击【Diffuse】（漫反射）后的贴图通道，为其添加一个【Bitmap】（位图），加载一张"书桌木纹"贴图。【Reflect】（反射）的RGB值为（250，250，250），勾选【Fresnel reflections】（菲涅尔反射）。【Hilight.glossiness】（高光光泽度）为0.9，【Refl.glossiness】（反射光泽度）为0.85，【Subdivs】（细分值）为15，如图6-24所示。最后为其添加一个【UVW map】修改器。

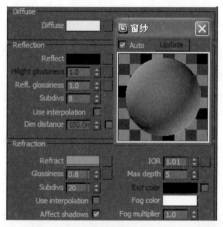

图6-23

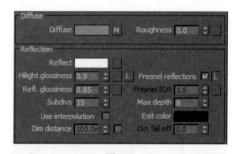

图6-24

步骤08 创建中式书房椅子坐垫材质。选择一个空白材质球，将材质球类型修改为VRayMtl专业材质。修改【Diffuse】（漫反射）的RGB值为（235，200，150）。在下面的【Maps】（贴图）面板中，单击【Bump】（凹凸）后的贴图通道，为其添加一个【Bitmap】（位图），加载一张"椅子凹凸"贴图，如图6-25所示。最后为其添加一个【UVW map】修改器。

图6-25

步骤09 创建中式书房台灯灯罩材质。选择一个空白材质球，将材质球类型修改为VRayMtl专业材质。单击【Diffuse】（漫反射）后的贴图通道，为其添加一个【Bitmap】（位图），加载一张"台灯"贴图。【Refract】（折射）为（20，20，20），勾选【Affect shadows】（影响阴影），如图6-26所示。

步骤10 创建中式书房台灯底座材质。选择一个空白材质球，将材质球类型修改为VRayMtl专业材质。修改【Diffuse】（漫反射）的RGB值为（5，3，0），【Reflect】（反射）的RGB值为（255，255，255），勾选【Fresnel reflections】（菲涅尔反射），【Hilight.glossiness】（高光光泽度）为0.95，如图6-27所示。

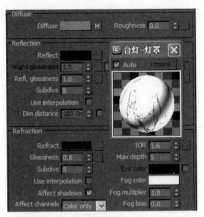

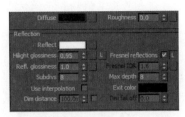

图6-26　　　　　　　　　　　　　　　图6-27

步骤11　创建中式书房盆栽叶子材质。选择一个空白材质球，将材质球类型修改为VRayMtl专业材质。单击【Diffuse】（漫反射）后的贴图通道，为其添加一个【Bitmap】（位图），加载一张"盆栽叶子"贴图。【Reflect】（反射）的RGB值为（20，20，20），【Refl.glossiness】（反射光泽度）为0.55，在下面的【Maps】（贴图）面板中，单击【Bump】（凹凸）后的贴图通道，为其添加一个【Bitmap】（位图），加载一张"盆栽叶子凹凸"贴图，如图6-28所示。使用类似的方法制作出盆栽的枝干、土壤、花朵的材质。

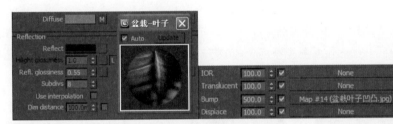

图6-28

步骤12　创建中式书房盆栽底座材质。选择一个空白材质球，将材质球类型修改为VRayMtl专业材质。单击【Diffuse】（漫反射）后的贴图通道，为其添加一个【Mix】（混合贴图），在弹出的混合贴图控制面板中，设置【Color1】（颜色1）的RGB值为（232，211，127）；设置【Color1】（颜色2）的RGB值为（127，39，49），并在【Mix Amount】（混合数量）都添加一张"盆栽底座遮罩"贴图，如图6-29所示。单击【Reflect】（反射）后的贴图通道，为其添加一个【Bitmap】（位图），加载一张"盆栽底座遮罩"贴图。【Refl.glossiness】（反射光泽度）为0.7，如图6-30所示。

图6-29　　　　　　　　　　　　　　　图6-30

步骤13　创建中式书房书柜材质。选择一个空白材质球，将材质球类型修改为VRayMtl专业材质。修改【Diffuse】（漫反射）的RGB值为（5，5，5），【Reflect】（反射）的RGB值为（20，20，20），【Hilight.glossiness】（高光光泽度）为0.6，【Refl.glossiness】（反射光泽度）为0.8，如图6-31所示。

步骤14 创建中式书房书柜青花瓷材质。选择一个空白材质球，将材质球类型修改为VRayMtl专业材质。修改【Diffuse】（漫反射）后的贴图通道，为其添加一个【Bitmap】（位图），加载一张"青花瓷"贴图。【Reflect】（反射）的RGB值为（255，255，255），勾选【Fresnel reflections】（菲涅尔反射），【Hilight.glossiness】（高光光泽度）为0.9，最后为其添加一个【UVW map】修改器，如图6-32所示。使用同样的方法制作出其他的青花瓷材质。

图6-31 　　　　　　　　　　　　　　　　　　图6-32

步骤15 创建中式书房书柜不锈钢材质。选择一个空白材质球，将材质球类型修改为VRayMtl专业材质。修改【Diffuse】（漫反射）的RGB值为（145，145，145）。【Reflect】（反射）的RGB值为（175，175，175），【Hilight.glossiness】（高光光泽度）为0.8，【Refl.glossiness】（反射光泽度）为0.9，如图6-33所示。

步骤16 创建中式书房书柜银质感材质。选择一个空白材质球，将材质球类型修改为VRayMtl专业材质。修改【Diffuse】（漫反射）的RGB值为（0，0，0），【Reflect】（反射）的RGB值为（220，220，220），【Refl.glossiness】（反射光泽度）为0.95，在下面的【BRDF】面板中将高光的形态调整为【Ward】，将【Anisotropy】（各项异性）修改为0.7，如图6-34所示。

图6-33 　　　　　　　　　　　　　　　　　　图6-34

步骤17 创建中式书房书柜铁罐材质。选择一个空白材质球，将材质球类型修改为VRayMtl专业材质。修改【Diffuse】（漫反射）的RGB值为（220，220，220），【Reflect】（反射）的RGB值为（160，160，160），【Hilight.glossiness】（高光光泽度）为0.6，【Refl.glossiness】（反射光泽度）为0.8，如图6-35所示。

至此，整个中式书房的材质基本设置完成。接下来为中式书房设置灯光。

图6-35

6.2.4 创建灯光

步骤01 创建中式书房天光。首先在【Front】视图中靠近窗口的位置创建一个跟窗口差不多大的VRaylight模拟天光。在【Top】视图中将其移动到窗户外面，如图6-36所示。进入灯光的修改面板，修改灯光的【Multiplier】（倍增值）为20，【Color】（颜色）的GRB值为（255，235，205），同时勾选

【Invisible】（不可见），如图6-37所示。

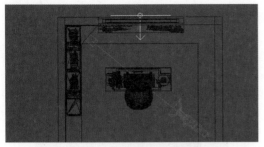
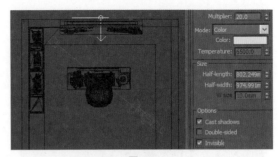

图6-36　　　　　　　　　　　　　　　　　　　　图6-37

渲染相机视图，效果如图6-38所示。

图6-38

步骤02　创建中式书房太阳光。在【Top】视图创建一个【VRaySun】（VRay太阳光），如图6-39所示。在创建太阳光的时候会弹出一个面板，如图6-40所示，意思是"您是否想要自动添加一个VRaySky贴图到环境中"，单击"是（Y）"。创建完成后进入【Front】视图，将VRaySun提高到一定高度，如图6-41所示。

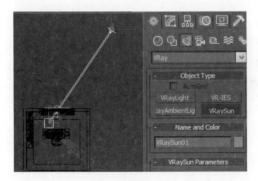

图6-39　　　　　　　　　　　　　　　　　　　　图6-40

步骤03 进入灯光的修改面板，修改灯光的【intensity multiplier】（密度倍增值）为0.1，如图6-42所示。

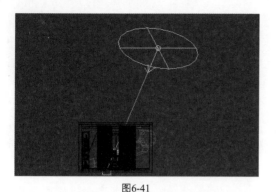

图6-41

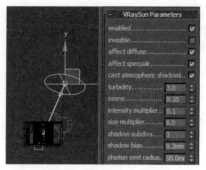

图6-42

渲染相机视图，效果如图6-43所示。

图6-43

至此，整个场景的灯光基本布置完成。接下来可以准备渲染光子文件然后渲染大图了。

6.2.5 调整优化灯光细分值

单击菜单栏【Tools】（工具），
进入【VRaylight Lister】（VRay灯光
列表），将所有灯光的细分值调整为
24，以减少场景的噪点，如图6-44
所示。

图6-44

6.2.6 制作光子文件

步骤01 在制作光子文件时，我们可以渲染一个较小尺寸的图像，如图6-45所示。

步骤02 在【VRay: Global Switches】(VRay: 全局开关)面板中勾选【Don't render final image】(不渲染最终图像),如图6-46所示。

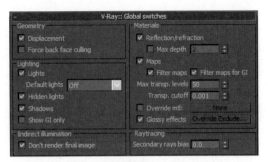

图6-45   图6-46

步骤03 打开【VRay: Irradiance map】(VRay: 发光贴图)面板,在【On render end】(渲染以后)选项栏中,勾选【Don't delete】(不删除)、【Auto save】(自动保存)、【Switch to saved map】(切换到保存的贴图)三个选项,并单击【Browse】(浏览),将光子文件保存到电脑的某个位置,如图6-47所示。

步骤04 用同样的方法设置【VRay: Light cache】(VRay: 灯光缓存),如图6-48所示。

图6-47   图6-48

步骤05 设置完成以后,一定记得渲染一下,让整个场景的灯光信息写入到刚才我们保存的那两个空的光子文件中。

步骤06 渲染完成后,会弹出【Load Irradiance map】(加载发光贴图)面板,找到保存的发光贴图的光子文件加载即可。

6.2.7 渲染

步骤01 提高渲染尺寸。将最终渲染的尺寸设置为1600×1776,如图6-49所示。

步骤02 最终渲染需要得到最终的效果,所以在【VRay: Global Switches】(VRay: 全局开关)面板中取消勾选【Don't render final image】(不渲染最终图像),如图6-50所示。

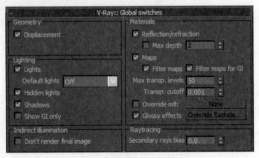

图6-49   图6-50

步骤03 在【VRay: Image sampler (Antialiasing)】(VRay: 图像采样(抗锯齿))面板,将图像采样的Type(类型)修改为【Adaptive DMC】(自适应准蒙特卡洛),并且开启【Antialiasing filter】(抗锯齿过滤器),将抗锯齿的类型设置为【Catmull-Rom】,如图6-51所示。

步骤04 在【VRay: Irradiance map】(VRay: 发光贴图)面板,将Curent preset(当前预设)设置为

【High】（高），【Hsph.subdivs】（半球细分）设置为50，【Interp.samples】（插补采样）设置为40，如图6-52所示。

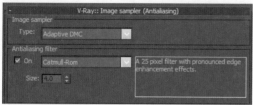

图6-51

图6-52

步骤05 在【VRay：Light cache】（VRay：灯光缓存）面板，将细分值设置为1200，同时将【Sample Size】（采样尺寸）设置为0.001，如图6-53所示。

步骤06 在【VRay：DMC sampler】（VRay：准蒙特卡洛采样）面板中，设置【Adaptive amount】（自适应数量）为0.75，【Min samples】（最小采样）为12，【Noise threshold】（噪波阈值）为0.001，如图6-54所示。

图6-53

图6-54

渲染完成后的效果如图6-55所示。

图6-55

6.2.8 创建材质通道

步骤01 将最终材质和灯光都调整好的Max文件打开，另存一份，将已经备份的Max文件里的灯光全部删除，并且将场景的渲染器由VRay渲染器还原为默认渲染器。

步骤02 打开配套光盘中的"场景文件\第6章\script"文件夹，将"渲染材质ID"脚本直接按住鼠标左键拖放到Max场景中。

步骤03 首先勾选"转换所有材质→Standard"，然后单击"转换为材质通道渲染"，如图6-56所示。

步骤04 单击渲染按钮，渲染完成后的效果如图6-57所示。

图6-56　　　　　　　　　　　　　　　图6-57

6.2.9 制作材质AO通道

步骤01 将最终材质和灯光都调整好的Max文件打开，备份一个。删除场景中的所有灯光。

步骤02 将VRay渲染器重置，并调节AO渲染参数。首先设置VRay全局开关面板。打开【VRay: Global Switches】（VRay: 全局开关）面板，在【Lighting】（灯光）选项栏中选择【Default lights: Off】（默认灯光: 关），如图6-58所示。

步骤03 在【VRay: Image sampler（Antialiasing）】（VRay: 图像采样（抗锯齿））面板，将图像采样的Type（类型）修改为【Adaptive DMC】（自适应准蒙特卡洛），并且开启【Antialiasing filter】（抗锯齿过滤器），将抗锯齿的类型设置为【Catmull-Rom】，如图6-59所示。

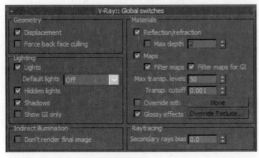

图6-58

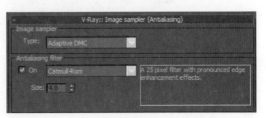

图6-59

步骤04 AO测试参数设置完成后，我们还需要调节一个专门的AO材质。选择一个空白材质球，将材质球类型修改为【Standard】专业材质，【Diffuse】（漫反射）的RGB值为（255，255，255）。单击【Diffuse】后的贴图通道，为其添加一张【VRayDirt】（VRay脏旧）贴图。在【VRayDirt】（VRay脏旧）面板中将脏旧的【Radius】（半径）设置为800，将【Subdivs】（细分值）设置为50，回到主材质面板，找到【Self--Illumination】（自发光），将自发光的强度设置为100，如图6-60所示。

步骤05 如果场景中具有半透明特性的物体，如玻璃、酒水、窗纱等，还需要在上面AO材质的基础上将材质的透明度修改为50，如图6-61所示。

图6-60

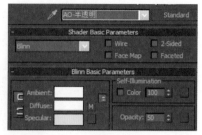

图6-61

> **注 意**
>
> 渲染AO图都需要保持先前渲染成图的相机角度不变、渲染尺寸不变，否则最终到Photoshop中进行后期处理叠加的时候，就会因为位置不对而变得没有意义，效果如图6-62所示。

图6-62

6.2.10 Photoshop后期处理

步骤01 启动Photoshop，打开配套光盘"场景文件\第6章\jpeg"中提供的"中式书房"以及"中式书房AO"两张图像。

步骤02 激活移动工具,快捷键为"V",按住"Shift"键的同时将图像"中式书房AO"拖动到"中式书房"图层中,然后删除"中式书房AO",如图6-63所示。

步骤03 使用键盘上的组合快捷键"Ctrl+J"将图层0复制一个,这样可以避免对源图像造成破坏,如图6-64所示。

图6-63

图6-64

步骤04 选中图层1(AO层),将图层1的图层混合模式修改为"柔光",不透明度设置为30,如图6-65所示。

步骤05 选中图层1,为其添加一个"亮度/对比度"的调整类蒙版,如图6-66所示。将对比度调高到30,亮度为30,如图6-67所示。

图6-65

图6-66

步骤06 接着为其添加一个"色相/饱和度"的调整类蒙版,将饱和度调整为20,如图6-68所示。

步骤07 为其再次添加一个"色阶"的调整类蒙版,将曲线的形状调整为如图6-69所示的样子,目的是为了让画面亮的地方更亮,暗的地方更暗,对比强烈。

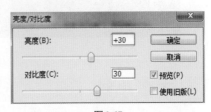

图6-67

图6-68

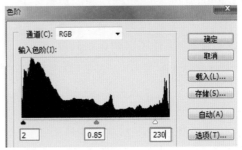

图6-69

步骤08 选中最上方的 "色阶" 调整类蒙版，按下键盘上的组合快捷键 "Ctrl+Alt+Shift+E" 盖印一个图层（将所有图层合并），执行滤镜/锐化/智能锐化命令，如图6-70所示。在弹出的智能锐化面板中，将锐化的数量调整为30，让图像看起来更清晰一些，如图6-71所示。

图6-70   图6-71

至此，在Photoshop中的处理基本完成，效果如图6-72所示。

图6-72（局部）

6.3 本章小结

在Photoshop后期处理图像的过程中，大家特别需要注意两个地方，也是人在观察物体时有两个特点：一是喜欢看明暗对比度强的（亮度—对比度），二是喜欢看颜色冷暖对比强的（色相—饱和度）。抓住了这两点，只要加强练习，一定可以制作出令人满意的作品。

第7章
让烹饪充满乐趣——午后厨房

　　拥有一个精心设计、装修合理的厨房会让生活变得轻松愉快。厨房装修首先要注重它的功能性。打造温馨舒适的厨房，一要视觉干净清爽；二要有舒适方便的操作中心。橱柜要考虑到科学性和舒适性。灶台的高度，灶台和水池的距离，冰箱和灶台的距离，择菜、切菜、炒菜、熟菜都有各自的空间；三要厨房要充满情趣，营造浪漫、温馨的氛围。

　　本章讲解一个午后厨房的设计实例。希望读者可以掌握午后阳光的制作方法以及现代厨房的材质特点。

本章要点

- 午后厨房风格介绍。
- 午后厨房相机架设。
- 午后厨房材质制作。
- 午后厨房灯光制作。
- 午后厨房渲染。
- 午后厨房后期处理。

7.1　厨房空间介绍

　　对于现代家庭来说，厨房不仅是烹饪的地方，更是家人交流的空间，休闲的舞台。工艺画、绿植等装饰品开始走进厨房中，而早餐台、吧台等更加成为打造休闲空间的好点子，做饭时可以交流一天的所见所闻，是晚餐前的一道风景，如图7-1所示。

图7-1

7.2 午后厨房设计与制作

7.2.1 创建相机

步骤01 打开配套光盘中的"场景文件\第7章\max\午后厨房-初始.max"文件。单击命令面板【Cameras】（相机）下的【Target】（目标相机），在【Top】视图中创建一个如图7-2所示的相机。

步骤02 进入【Front】视图，调整相机的高度，如图7-3所示。

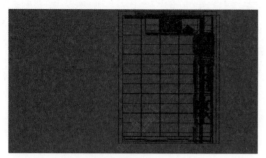

图7-2

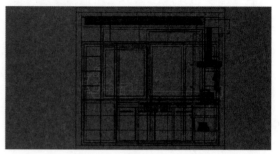

图7-3

步骤03 进入相机的修改面板修改相机的镜头，如图7-4所示。

步骤04 按下键盘上的组合快捷键"Shift+F"开启安全框，相机视图效果如图7-5所示。

图7-4

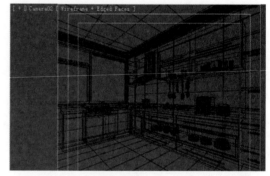

图7-5

至此，场景的相机基本架设完成。接下来，我们可以设置午后厨房的VRay测试渲染参数。

7.2.2 设置VRay测试渲染参数

步骤01 启动3ds Max软件。打开配套光盘中的"第7章\Max文件\午后厨房-完成.max"文件。

步骤02 按"F10"快捷键，弹出【Render Setup】（渲染设置）面板，在【Common】（通用）子面板下单击【Assign Renderer】（指定渲染器）卷展栏。

步骤03 单击Production（产品级）后的 ▇▇ （选择渲染器），弹出【Choose Renderer】，然后将VRay Adv 2.10.01指定为当前渲染器，如图7-6所示。

步骤04 渲染器指定完成后，首先设置渲染参数。由于目前处于测试渲染阶段，所以尺寸不易设置的过大，可以观察到渲染效果即可。现阶段设置渲染的长和宽为640mm×480mm，并锁定图像长宽比，如图7-7所示。

步骤05 设置VRay帧缓存窗口。打开【VRay: Frame buffer】（VRay: 帧缓存）面板，勾选【Enable built-in Frame Buffer】（启用VRay内置的帧缓存），此时Max的渲染窗口将被VRay渲染窗口替代，因为VRay的渲染窗口功能更加强大，如图7-8所示。

步骤06 设置VRay全局开关面板。打开【VRay: Global Switches】(VRay: 全局开关) 面板，在【Lighting】(灯光) 选项栏中选择【Default lights: Off】(默认灯光: 关)，目的是避免Max默认灯光对场景的影响，从而让设计师按照自己的灯光思路布置灯光，如图7-9所示。

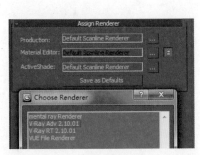

图7-6

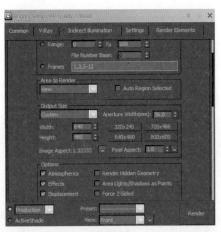

图7-7

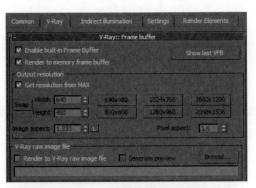

图7-8

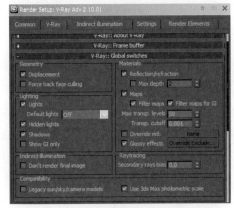

图7-9

步骤07 打开【VRay: Image sampler (Antialiasing)】(VRay: 图像采样 (抗锯齿)) 面板，将图像采样的Type (类型) 修改为Fixed (固定比例)，并且关闭Antialiasing filter (抗锯齿过滤器)，如图7-10所示。

步骤08 设置全局光渲染引擎。打开【VRay: Indirect illumination (GI)】(VRay: 间接照明) 面板，开启GI，然后将二次反弹设置为Light cache (灯光缓存)，如图7-11所示。

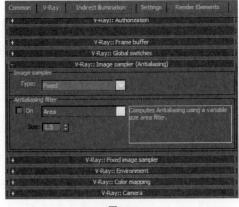

图7-10

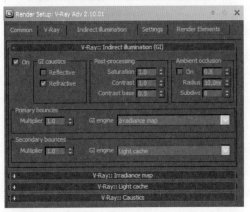

图7-11

步骤09 打开【VRay: Irradiance map】（VRay: 发光贴图）面板，将Current preset（当前预设）设置为Low（低），降低渲染品质，以节约渲染时间。Hsph.subdivs（半球细分）和Interp.samples（插补采样）保持默认，勾选Show calc.phase（显示计算相位），便于在测试渲染的时候能快速预览到渲染效果，如图7-12所示。

步骤10 打开【VRay: Light cache】（VRay: 灯光缓存）面板，将细分值设置为100，同时勾选Show calc.phase（显示计算相位），如图7-13所示。

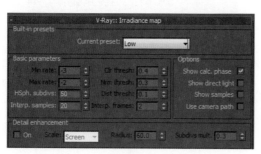

图7-12

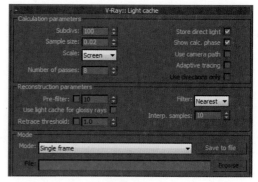

图7-13

7.2.3 创建材质

步骤01 设置厨房墙体材质。选择一个空白材质球，将材质球类型修改为VRayMtl专业材质，【Diffuse】（漫反射）的RGB值为（255，255，255）即可，如图7-14所示。

步骤02 设置厨房地砖材质。选择一个空白材质球，将材质球类型修改为VRayMtl专业材质。单击【Diffuse】（漫反射）后的贴图通道，为其添加一个【Bitmap】（位图），加载一张"地砖"贴图。【Reflect】（反射）的RGB值为（30，30，30），【Reflect.glossiness】（反射光泽度）为0.9，如图7-15所示。

图7-14

图7-15

步骤03 设置厨房顶部材质。选择一个空白材质球，将材质球类型修改为VRayMtl专业材质。设置【Diffuse】（漫反射）颜色RGB值为（165，165，165），【Reflect】（反射）的RGB值为（60，60，60），【Refl.glossiness】（反射光泽度）为0.75，【Subdivs】（细分值）为15，如图7-16所示。

步骤04 设置厨房墙壁材质。选择一个空白材质球，将材质球类型修改为VRayMtl专业材质。单击【Diffuse】（漫反射）后的贴图通道，为其添加一个【Bitmap】（位图），加载一张"墙壁"贴图。【Reflect】（反射）的RGB值为（30，30，30），【Refl.glossiness】（反射光泽度）为0.9，【Subdivs】（细分值）为15，如图7-17所示。

步骤05 设置厨房门窗材质。选择一个空白材质球，将材质球类型修改为VRayMtl专业材质。设置【Diffuse】（漫反射）颜色RGB值为（30，30，30），【Reflect】（反射）的RGB值为（60，60，60），

【Hilight.glossiness】（高光光泽度）为0.55，【Refl.glossiness】（反射光泽度）为0.75，【Subdivs】（细分值）为15，如图7-18所示。

图7-16

图7-17

步骤06 设置橱柜材质。

（1）设置橱柜白色防火板材质。选择一个空白材质球，将材质球类型修改为VRayMtl专业材质。设置【Diffuse】（漫反射）颜色RGB值为（148，159，168），【Reflect】（反射）的RGB值为（45，45，45），【Hilight.glossiness】（高光光泽度）为0.9，如图7-19所示。

图7-18

图7-19

（2）设置橱柜金属拉手材质。选择一个空白材质球，将材质球类型修改为VRayMtl专业材质。设置【Diffuse】（漫反射）颜色RGB值为（60，60，60），【Reflect】（反射）的RGB值为（200，200，200），【Refl.glossiness】（反射光泽度）为0.85，【Subdivs】（细分值）为15，如图7-20所示。

（3）设置橱柜抽油烟机材质。选择一个空白材质球，将材质球类型修改为VRayMtl专业材质。设置【Diffuse】（漫反射）颜色RGB值为（50，50，50），【Reflect】（反射）的RGB值为（200，200，200），【Refl.glossiness】（高光光泽度）为0.8，【Subdivs】（细分值）为15，如图7-21所示。

图7-20

图7-21

（4）设置橱柜台面材质。选择一个空白材质球，将材质球类型修改为VRayMtl专业材质。单击【Diffuse】（漫反射）后的贴图通道，为其添加一个【Bitmap】（位图），加载一张"台面"贴图。【Reflect】（反射）的RGB值为（250，250，250），勾选【Fresnel reflections】（菲涅尔反射），如图7-22所示。

（5）设置橱柜玻璃材质。选择一个空白材质球，将材质球类型修改为VRayMtl专业材质。设置【Diffuse】（漫反射）颜色RGB值为（255，255，255），【Reflect】（反射）的RGB值为（255，255，255），勾选【Fresnel reflections】（菲涅尔反射），【Refract】（折射）为（255，255，255），【Fog color】（雾色）为（252，255，254），【Fog multiplier】（雾色倍增）为0.01，勾选【Affect shadows】（影响阴影），如图7-23所示。

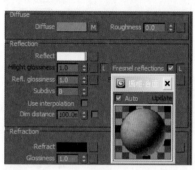

图7-22

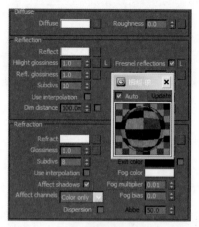

图7-23

（6）设置橱柜陶瓷。选择一个空白材质球，将材质球类型修改为VRayMtl专业材质。设置【Diffuse】（漫反射）颜色RGB值为（255，255，255）。【Reflect】（反射）的RGB值为（255，255，255），勾选【Fresnel reflections】（菲涅尔反射），如图7-24所示。

（7）设置橱柜玻璃器皿材质。选择一个空白材质球，将材质球类型修改为VRayMtl专业材质。设置【Diffuse】（漫反射）颜色RGB值为（255，255，255），【Reflect】（反射）的RGB值为（255，255，255），勾选【Fresnel reflections】（菲涅尔反射），【Refract】（折射）为（255，255，255），如图7-25所示。

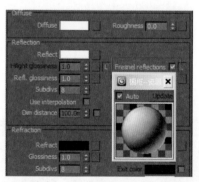

图7-24

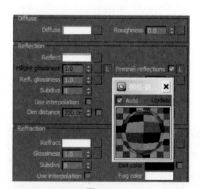

图7-25

（8）设置橱柜煤气灶黑漆材质。选择一个空白材质球，将材质球类型修改为VRayMtl专业材质。设置【Diffuse】（漫反射）颜色RGB值为（0，0，0），【Reflect】（反射）的RGB值为（255，255，255），【Refl.glossiness】（反射光泽度）为0.9，勾选【Fresnel reflections】（菲涅尔反射），【Fresnel IOR】（菲涅尔折射率）修改为3，如图7-26所示。

步骤07 设置橱柜毛巾材质。选择一个空白材质球，将材质球类型修改为VRayMtl专业材质。单击【Diffuse】（漫反射）后的贴图通道，为其添加一个【Bitmap】（位图），加载一张"毛巾"贴图。【Reflect】（反射）的RGB值为（25，25，25），【Refl.glossiness】（反射光泽度）为0.9，勾选【Fresnel reflections】（菲涅尔反射），如图7-27所示。

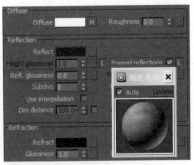

图7-26　　　　　　　　　　　　　　　　　　　　　　图7-27

至此，场景的材质基本设置完成，接下来开始设置场景的灯光效果。

7.2.4　创建灯光

步骤01　创建午后厨房天光。在【Left】视图中，厨房入口的位置创建一个跟门大小相当的VRaylight。修改灯光的亮度为2，灯光的颜色RGB值为（124，170，225），如图7-28所示。

步骤02　创建午后厨房主灯。在【Front】视图中，厨房窗户的位置创建一个跟窗户大小相当的VRaylight。修改灯光的亮度为6，灯光的颜色RGB值为（255，187，10），因为是要表现午后的阳光，所以是暖色调的，如图7-29所示。

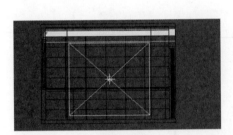

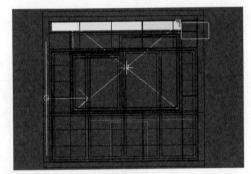

图7-28　　　　　　　　　　　　　　　　　　　　　　图7-29

单击渲染相机视图，效果如图7-30所示。

图7-30

步骤03　创建午后厨房太阳光。因为本案例是要表现午后厨房的效果，所以我们还需要在【Top】视图中创建一盏VRaySun（VRay太阳光）。创建完成后，在【Front】视图中将其提高到一定的高度，如图7-31所示。

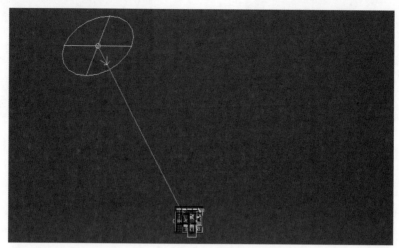

图7-31

步骤04　选中VRay太阳光，进入修改面板，修改其【Intensity multiplier】（密度倍增）为0.035，【size multiplier】（尺寸倍增）为3，【shadow subdivs】（阴影细分）为20，如图7-32所示。

图7-32

调整完成后渲染场景，效果如图7-33所示。

图7-33

7.2.5　调整优化灯光细分值

单击菜单栏【Tools】（工具），进入【VRaylight Lister】（VRay灯光列表），将所有灯光的细分值调整为24，以减少场景的噪点，如图7-34所示。

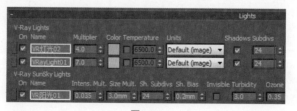

图7-34

7.2.6 创建光子文件

步骤01 首先，渲染光子可以设置一个较小的尺寸，以获得较快的渲染速度，但是这个渲染尺寸也不要设置得过低，一般应不低于最终渲染尺寸的四分之一为宜。

步骤02 渲染光子的时候，我们不需要看到最终成图的效果，所以我们可以在【VRay: Global Switches】（VRay: 全局开关）面板中勾选【Don't render final image】（不渲染最终图像），如图7-35所示。

图7-35

步骤03 打开【VRay: Irradiance map】（VRay: 发光贴图）面板，在【On render end】（渲染以后）选项栏中，勾选【Don't delete】（不删除）、【Auto save】（自动保存）、【Switch to saved map】（切换到保存的贴图）三个选项，并单击【Browse】（浏览），将光子文件保存到电脑的某个位置，如图7-36所示。

步骤04 用同样的方法设置【VRay: Light cache】（VRay: 灯光缓存），如图7-37所示。

图7-36

图7-37

设置完成以后，一定记得渲染一下，让整个场景的灯光信息写入到刚才我们保存的那两个空的光子文件中。渲染完成后，会弹出【Load Irradiance map】（加载发光贴图）面板，找到保存的发光贴图的光子文件加载即可。

7.2.7 渲染

光子文件渲染完成后，我们还需要设置最终渲染参数，以获得高质量的图像。具体设置如下。

步骤01 提高渲染尺寸。将最终渲染的尺寸设置为1600×1200，如图7-38所示。

步骤02 最终渲染需要得到最终的效果，所以在【VRay: Global Switches】（VRay: 全局开关）面板中取消勾选【Don't render final image】（不渲染最终图像），如图7-39所示。

图7-38

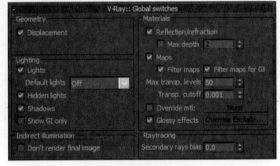

图7-39

步骤03 在【VRay: Image sampler（Antialiasing）】（VRay: 图像采样（抗锯齿））面板，将图像采样的Type（类型）修改为【Adaptive DMC】（自适应准蒙特卡洛），并且开启【Antialiasing filter】（抗锯齿过滤器），将抗锯齿的类型设置为【Catmull-Rom】，如图7-40所示。

步骤04 在【VRay: Irradiance map】（VRay: 发光贴图）面板，将Current preset（当前预设）设置为

【High】（高），【Hsph.subdivs】（半球细分）设置为50，【Interp.samples】（插补采样）设置为40，如图7-41所示。

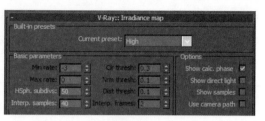

图7-40   图7-41

步骤05 在【VRay：Light cache】（VRay：灯光缓存）面板，将细分值设置为1200，同时将【Sample size】（采样尺寸）设置为0.001，如图7-42所示。

步骤06 在【VRay：DMC sampler】（VRay：准蒙特卡洛采样）面板中，设置【Adaptive amount】（自适应数量）为0.75，【Min samples】（最小采样）为12，【Noise threshold】（噪波阈值）为0.001，如图7-43所示。

图7-42   图7-43

渲染完成后的效果如图7-44所示。

图7-44

7.2.8 创建材质通道

步骤01 将最终材质和灯光都调整好的Max文件打开，另存一份，注意这个步骤非常重要，因为我们选择的是使用脚本来渲染颜色通道，这个操作是不可撤销的。所以，为了避免对原始调整好的Max文件造成破坏，一定记得备份。将已经备份的Max文件里的灯光全部删除，并且将场景的渲染器由VRay渲染器还原为默认渲染器。

步骤02 打开配套光盘中的"场景文件\第7章\script"文件夹，将"渲染材质ID"脚本直接按住鼠标左键拖放到Max场景中。首先勾选"转换所有材质→Standard"，然后单击"转换为材质通道渲染"，如图7-45所示。

渲染完成后的效果如图7-46所示。

图7-45   图7-46

7.2.9 制作午后厨房材质AO通道

步骤01 设置AO测试渲染参数。将最终材质和灯光都调整好的Max文件打开，删掉场景中的所有灯光。将VRay渲染器重置，首先设置VRay全局开关面板。打开【VRay: Global Switches】（VRay: 全局开关）面板，在【Lighting】（灯光）选项栏中选择【Default lights: Off】（默认灯光: 关），如图7-47所示。

步骤02 在【VRay: Image sampler（Antialiasing）】（VRay: 图像采样（抗锯齿））面板，将图像采样的Type（类型）修改为【Adaptive DMC】（自适应准蒙特卡洛），并且开启【Antialiasing filter】（抗锯齿过滤器），将抗锯齿的类型设置为【Catmull-Rom】，如图7-48所示。

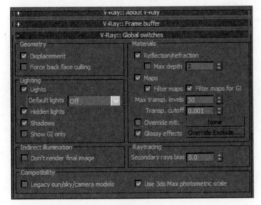

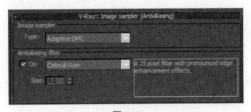

图7-47   图7-48

步骤03 调节一个专门的AO材质。选择一个空白材质球，将材质球类型修改为【Standard】专业材质。修改【Diffuse】（漫反射）的RGB值为（255，255，255），单击【Diffuse】后的贴图通道，为其添加一张【VRayDirt】（VRay脏旧）贴图。在【VRayDirt】（VRay脏旧）面板中将脏旧的【Radius】（半径）设置为800，将【Subdivs】（细分值）设置为50。回到主材质面板，找到【Self--Illumination】（自发光），将自发光的强度设置为100，如图7-49所示。

如果场景中具有半透明特性的物体，如玻璃、酒水、窗纱等，还需要在上面AO材质的基础上将材质的透明度修改为50，如图7-50所示。

图7-49

图7-50

步骤04 还是和上一章一样，材质调整好了以后，按场景中对象的属性分别赋予AO材质，然后进行渲染。需要读者特别注意的是，不管是渲染材质ID通道还是渲染AO图，都需要保持先前渲染成图的相机角度不变、渲染尺寸不变。否则最终到Photoshop中进行后期处理叠加的时候就会因为位置不对而变得没有意义。

渲染完成后，局部效果如图7-51所示。

图7-51

7.2.10　Photoshop后期处理

步骤01 启动Photoshop，打开配套光盘"场景文件\第7章\jpeg"提供的"午后厨房"以及"午后厨房AO"两张图像。

步骤02 激活移动工具，快捷键为"V"，按住"Shift"键的同时将图像"午后厨房AO"拖动到"午后厨房"图层中，然后删掉"午后厨房AO"，如图7-52所示。

步骤03 使用键盘上的组合快捷键"Ctrl+J"将图层0复制一个，这样可以避免对源图像造成破坏，如图7-53所示。

图7-52

图7-53

步骤04 选中图层1（AO层），将图层1的图层混合模式修改为"柔光"，不透明度设置为50，如图7-54所示。

步骤05 选中图层1，为其添加一个"亮度/对比度"的调整类蒙版，如图7-55所示。将"亮度"提高到20，"对比度"提高到20，如图7-56所示。

步骤06 接着为其添加一个"色相/饱和度"的调整类蒙版，将饱和度调整为30，如图7-57所示。

图7-54

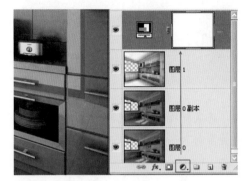

图7-55

图7-56

图7-57

步骤07 为其再次添加一个"色阶"的调整类蒙版，将色阶调整为如图7-58所示的样子，目的是为了让画面亮的地方更亮，暗的地方更暗，对比强烈。

步骤08 接下来开始制作窗户外景。打开配套光盘中的"场景文件\第7章\jpeg\窗景"文件，激活移动工具，快捷键为"V"，按住"Shift"键的同时将图像"窗景"拖动到"午后厨房"图层中，然后删掉"窗景"，如图7-59所示。

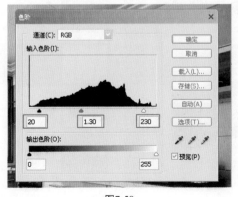

图7-58

图7-59

步骤09 使用移动工具，将图层2（窗景层）拖动到图层0（原始图像）上方，如图7-60所示。

步骤10 选中图层2，按下键盘上的组合快捷键"Ctrl+T"【自由变换】，自由变换激活后，在图像操作区域单击鼠标右键，选择【透视】，如图7-61所示。

图7-60　　　　　　　　　　　　　　　　　图7-61

步骤11 将鼠标放在自由变换的右边的上下某个控制点上按住鼠标左键不放，拖动控制点使"窗景"的透视关系和"午后厨房"的透视关系相同，如图7-62所示。自由变换完成后，按下键盘上的回车键确认变换。

步骤12 制作窗户玻璃。选中图层2（窗景层），单击下方的"创建新图层"按钮，新建一个透明图层，如图7-63所示。

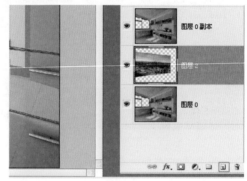

图7-62　　　　　　　　　　　　　　　　　图7-63

步骤13 将前景色设置为白色，如图7-64所示。

步骤14 按下键盘上的组合快捷键"Alt+Delete"（填充前景色），将图层3（透明层）填色为一个白色的单色层，如图7-65所示。

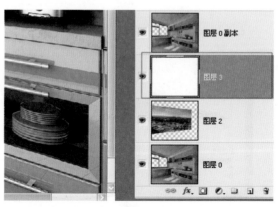

图7-64　　　　　　　　　　　　　　　　　图7-65

步骤15 选中图层3，将其不透明度调整为25，如图7-66所示。

步骤16 选中最上方的"色阶"调整类蒙版，按键盘上的组合快捷键"Ctrl+Alt+Shift+E"盖印一个图层（将所有图层合并），执行滤镜/锐化/智能锐化命令，如图7-67所示。在弹出的智能锐化面板中，将锐化的数量调整为20，让图像看起来更清晰一些，如图7-68所示。

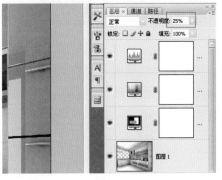

图7-66

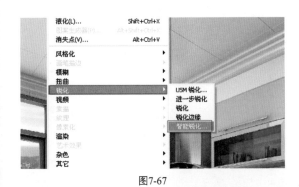

图7-67

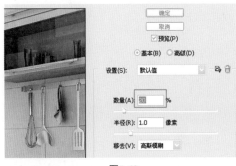

图7-68

至此，在Photoshop中的处理基本完成，效果如图7-69所示。

图7-69

7.3 本章小结

    本章通过一个午后厨房的实例，让读者掌握午后阳光的制作方法以及现代厨房的材质特点。在实际设计过程中，简约式厨房偏多，简约厨房的最大特色便是形式简洁，大多为简单的直线，减少了不必要的装饰线条，用简单的直线强调空间的开阔感；并且简约风格橱柜讲究功能至上，形式服从功能，一般采用冷色调，给人以清爽、静怡之感。

第8章
欧式尽显奢华——欧式客厅

随着时代的发展，人们的生活水平和审美水平不断提高，对客厅的要求也不断增高。客厅是家庭生活的主体，客厅装饰对每位追求家庭温暖的人来说都尤为重要。客厅的装饰风格能准确反映主人的性格特点、生活品质和品位。

本章主要讲解了客厅的装饰风格和日景的表现方法。

本章要点

- 欧式客厅介绍。
- 欧式客厅相机架设。
- 欧式客厅材质制作。
- 欧式客厅灯光制作。
- 欧式客厅渲染。
- 欧式客厅后期处理。

8.1 欧式客厅介绍

客厅一般来说是主人与客人会面的地方，也是房子的门面。客厅的摆设、颜色都能反映主人的性格、特点、眼光、个性等。客厅宜用浅色，让客人有耳目一新的感觉，使来宾消除一天奔波的疲劳，如图8-1所示。

图8-1

随着时代的发展，人们的审美和追求在不断提高，由于文化和审美上的差异，客厅的风格也多种多样。总的来说，目前比较流行的客厅装饰风格有如下几种。

（1）现代简约风格：现代、时尚，整体设计体现的是简约而不失现代韵味的风格理念。色彩大多以明快为主，注重细节化，赋予居室空间于生命、情趣。既能满足人们的生活方式和需求功能，又能体现出人们的自身品位、文化背景、修养内涵，如图8-2所示。

图8-2

（2）现代中式风格：新中式装饰风格的客厅以朱红色、绛红色、咖啡色等为主色调，所以客厅显得尤为庄重和优雅。新中式客厅装修还有一个最大的特色，就是特别耐看，百看不厌，如图8-3所示。

图8-3

（3）地中海风格：这种风格装修的客厅，空间布局形式自由，颜色明亮、大胆、丰厚，却又简单。在我们常见的地中海风格客厅中，蓝与白是主打的色彩。它不是简单的"蓝白布艺+地中海饰品+自然质感的家具"等元素的堆砌，而要真正领悟和感受地中海风格的神韵，如图8-4所示。

图8-4

（4）乡村田园风格：绿色、朴素。田园风格的客厅在装修中经常运用木、石、藤、竹、织物等天然材料，结合室内绿化，来创造自然、简朴的田园风格客厅的意境，如图8-5所示。

图8-5

（5）欧式风格：继承了巴洛克风格中豪华、动感、多变的视觉效果，也吸取了洛可可风格中唯美、律动的细节处理元素，受到追求生活品质的人们的青睐。

通过上面的介绍，相信大家对室内客厅的装饰风格应该有了一个大致的了解。接下来我们通过一个欧式风格客厅的实例跟大家一起领略它的装饰特点。

8.2 欧式客厅的设计与制作

8.2.1 创建相机

步骤01 打开配套光盘中的 "场景文件\第8章\max\欧式客厅-初始.max" 文件。单击命令面板【Cameras】（相机）下的【Target】（目标相机），在【Top】视图中创建一个如图8-6所示的相机。

步骤02 进入【Front】视图，调整相机的高度，如图8-7所示。

步骤03 进入相机的修改面板修改相机的镜头，如图8-8所示。

图8-6

图8-7

图8-8

步骤04 进入相机的修改面板，将相机修改为切角相机。一般情况下需要将【Near Clip】（近切）切近房间，【Far Clip】（远切）切出房间，如图8-9所示。

步骤05 按键盘上的组合快捷键 "Shift+F" 开启安全框，这样做的好处是可以确保大家在相机视图看到的就是我们最终渲染的效果，如图8-10所示。

图8-9

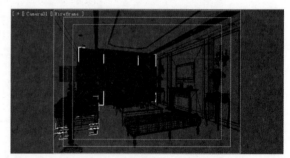

图8-10

至此，相机基本架设完成。接下来重点开始制作场景的材质。

8.2.2 设置VRay测试渲染参数

步骤01 按 "F10" 键，弹出【Render Setup】（渲染设置）面板，在【Common】（通用）子面板下单击【Assign Renderer】（指定渲染器）卷展栏。单击Production（产品级）后的 ■■■（选择渲染器），弹出【Choose Renderer】，然后将VRay Adv 2.10.01指定为当前渲染器。

步骤02 将测试渲染时的渲染尺寸设置为一个较小的值，如图8-11所示。

步骤03 在【VRay: Frame buffer】（VRay: 帧缓存）面板中，勾选【Enable built-in Frame Buffer】（启用VRay内置的帧缓存），如图8-12所示。

步骤04 打开【VRay: Global Switches】（VRay: 全局开关）面板，在【Lighting】（灯光）选项栏中选择【Default lights: Off】（默认灯光: 关），如图8-13所示。

步骤05 在【VRay：Image sampler（Antialiasing）】（VRay：图像采样（抗锯齿））面板中，将图像采样的Type（类型）修改为Fixed（固定比例），并且关闭Antialiasing filter（抗锯齿过滤器），目的是获得更快的渲染速度，如图8-14所示。

图8-11

图8-12

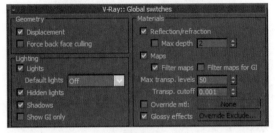

图8-13

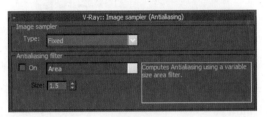

图8-14

步骤06 设置全局光渲染引擎。打开【VRay：Indirect illumination（GI）】（VRay：间接照明）面板，开启GI，然后将二次反弹设置为Light cache（灯光缓存），如图8-15所示。

步骤07 打开【VRay：Irradiance map】（VRay：发光贴图）面板，将Current preset（当前预设）设置为Low（低），勾选Show calc.phase（显示计算相位），便于在测试渲染的时候能快速预览到渲染效果，如图8-16所示。

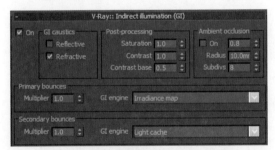

图8-15

图8-16

步骤08 打开【VRay：Light cache】（VRay：灯光缓存）面板，将细分值设置为100，同时勾选Show calc.phase（显示计算相位），如图8-17所示。

至此，测试阶段有关渲染器的设置就全部设置完成。

图8-17

8.2.3 创建材质

步骤01 创建欧式客厅墙体材质。选择一个空白材质球，将材质球类型修改为VRayMtl专业材质。设置【Diffuse】（漫反射）颜色RGB值为（250，250，250），【Reflect】（反射）的RGB值为（30，30，30），【Hilight.glossiness】（高光光泽度）为0.65，【Refl.glossiness】（反射光泽度）为0.65，【Subdivs】（细分值）为15，如图8-18所示。

步骤02 创建欧式客厅地板材质。择一个空白材质球，将材质球类型修改为VRayMtl专业材质。单击【Diffuse】（漫反射）后的贴图通道，为其添加一个【Bitmap】（位图），加载一张"地板"贴图。【Reflect】（反射）的RGB值为（30，30，30），【Hilight.glossiness】（高光光泽度）为0.78，【Refl.glossiness】（反射光泽度）为0.9，【Subdivs】（细分值）为15，如图8-19所示。最后为其添加一个【UVW map】修改器。

图8-18

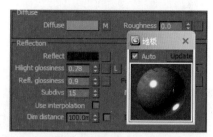

图8-19

步骤03 创建欧式客厅窗帘材质。选择一个空白材质球，将材质球类型修改为VRayMtl专业材质。单击【Diffuse】（漫反射）后的贴图通道，为其添加一个【Falloff】（衰减）贴图，如图8-20所示。进入【Falloff】（衰减）贴图层级，将【Color1】（颜色1）的RGB值为（140，100，65），如图8-21所示。

图8-20

图8-21

步骤04 创建欧式客厅窗纱材质。选择一个空白材质球，将材质球类型修改为Standard标准材质。设置【Diffuse】（漫反射）的RGB值为（250，250，250），【Opacity】（透明度）为60，【Specular Level】（高光级别）为25，【Glossiness】（光泽度）为15，如图8-22所示。

步骤05 创建欧式客厅门窗材质。选择一个空白材质球，将材质球类型修改为VRayMtl专业材质。设置【Diffuse】（漫反射）颜色RGB值为（15，15，15），【Reflect】（反射）的RGB值为（40，40，40），【Hilight.glossiness】（高光光泽度）为0.56，【Refl.glossiness】（反射光泽度）为0.8，【Subdivs】（细分值）为10，如图8-23所示。

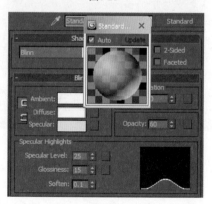

图8-22

步骤06 创建欧式客厅沙发材质。选择一个空白材质球，将材质球类型修改为VRayMtl专业材质。设置【Diffuse】（漫反射）颜色RGB值为（240，240，240），【Reflect】（反射）的RGB值为（25，25，25），【Hilight.glossiness】（高光光泽度）为0.6，【Refl.glossiness】（反射光泽度）为0.5，如图8-24所示。

步骤07 创建欧式客厅抱枕贴图。择一个空白材质球，将材质球类型修改为VRayMtl专业材质。单击【Diffuse】（漫反射）后的贴图通道，为其添加一个【Bitmap】（位图），加载一张"抱枕"贴图，如图8-25所示。在下面的【Maps】（贴图）面板中，在【Bump】（凹凸）后面添加一张【Bitmap】（位图），加载一张"抱枕凹凸"贴图，修改凹凸的强度为30，如图8-26所示。其他的抱枕使用同样的方法制作。

图8-23

图8-24

图8-25

图8-26

步骤08 创建欧式客厅不锈钢材质。选择一个空白材质球，将材质球类型修改为VRayMtl专业材质。设置【Diffuse】（漫反射）颜色RGB值为（45，45，45），【Reflect】（反射）的RGB值为（180，180，180），如图8-27所示。

步骤09 创建欧式客厅清玻璃材质。选择一个空白材质球，将材质球类型修改为VRayMtl专业材质。设置【Diffuse】（漫反射）颜色RGB值为（255，255，255），【Reflect】（反射）的RGB值为（30，30，30），【Hilight.glossiness】（高光光泽度）为0.85，【Refract】（折射）为（255，255，255），【IOR】（折射率）为2.2，勾选【Affect shadows】（影响阴影），如图8-28所示。

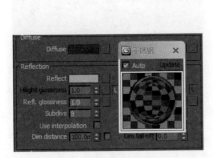

图8-27

图8-28

步骤10 创建欧式客厅白玻璃材质。选择一个空白材质球，将材质球类型修改为VRayMtl专业材质。设置【Diffuse】（漫反射）颜色RGB值为（0，0，0），【Reflect】（反射）的RGB值为（250，250，250），【Refl.glossiness】（反射光泽度）为0.98，【Subdivs】（细分值）为15，【Max depth】（最大反射深度）为15，【Refract】（折射）为（255，255，255），【IOR】（折射率）为1.5，【Subdivs】（细分值）为15，【Max depth】（最大反射深度）为15，【Fog color】（雾色）为（245，240，230），【Fog multiplier】（雾色倍增）为0.05，勾选【Affect shadows】（影响阴影），如图8-29所示。

步骤11 创建欧式客厅灯罩材质。选择一个空白材质球，将材质球类型修改为VRayMtl专业材质。

设置【Diffuse】(漫反射)的RGB值为(255, 225, 190),【Refract】(折射)的RGB值为(50, 50, 50),【IOR】(折射率)为1.4,勾选【Affect shadows】(影响阴影),如图8-30所示。

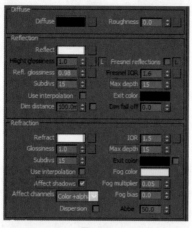

图8-29

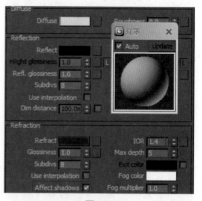

图8-30

步骤12 创建欧式客厅红酒玻璃瓶材质。选择一个空白材质球,将材质球类型修改为VRayMtl专业材质。设置【Diffuse】(漫反射)颜色RGB值为(3, 1, 2),【Reflect】(反射)的RGB值为(250, 250, 250),【Hilight.glossiness】(高光光泽度)为0.9,勾选【Fresnel reflections】(菲涅尔反射),如图8-31所示。

步骤13 创建欧式客厅茶几烛台材质。选择一个空白材质球,将材质球类型修改为VRayMtl专业材质。设置【Diffuse】(漫反射)颜色RGB值为(210, 210, 210),【Reflect】(反射)的RGB值为(230, 230, 230),【Hilight.glossiness】(高光光泽度)为0.88,如图8-32所示。

图8-31

图8-32

步骤14 创建欧式客厅电视背景墙大理石材质。选择一个空白材质球,将材质球类型修改为VRayMtl专业材质。单击【Diffuse】(漫反射)后的贴图通道,为其添加一个【Bitmap】(位图),加载一张"大理石"贴图。修改【Reflect】(反射)的RGB值为(15, 15, 15),【Hilight.glossiness】(高光光泽度)为0.9,如图8-33所示。

步骤15 创建欧式客厅背景墙镜子材质。选择一个空白材质球,将材质球类型修改为VRayMtl专业材质。设置【Reflect】(反射)的RGB值为(250, 250, 250),如图8-34所示。

图8-33

图8-34

步骤16 创建欧式客厅电视机屏幕材质。选择一个空白材质球，将材质球类型修改为VRayMtl专业材质。设置【Diffuse】（漫反射）颜色RGB值为（3，3，3），【Reflect】（反射）的RGB值为（40，40，40），如图8-35所示。

步骤17 创建欧式客厅电视机外壳材质。选择一个空白材质球，将材质球类型修改为VRayMtl专业材质。设置【Diffuse】（漫反射）颜色RGB值为（12，12，12），【Reflect】（反射）的RGB值为（20，20，20），【Refl.glossiness】（反射光泽度）为0.8，如图8-36所示。

图8-35   图8-36

步骤18 创建客厅背景墙装饰罐子材质。选择一个空白材质球，将材质球类型修改为VRayMtl专业材质。设置【Diffuse】（漫反射）颜色RGB值为（10，10，10），【Reflect】（反射）的RGB值为（215，195，160），【Hilight.glossiness】（高光光泽度）为0.6，【Refl.glossiness】（反射光泽度）为0.95，如图8-37所示。

步骤19 创建客厅壁灯水晶吊坠材质。选择一个空白材质球，将材质球类型修改为VRayMtl专业材质。设置【Diffuse】（漫反射）颜色RGB值为（250，250，250），【Reflect】（反射）的RGB值为（250，250，250），【Refl.glossiness】（反射光泽度）为0.99，勾选【Fresnel reflections】（菲涅尔反射），【Fresnel IOR】（菲涅尔折射率）设置为2.0，【Refract】（折射）为（250，250，250），【IOR】（折射率）为2.0，如图8-38所示。

图8-37   图8-38

步骤20 创建客厅壁灯材质。选择一个空白材质球，将材质球类型修改为VRayMtl专业材质。设置【Diffuse】（漫反射）颜色RGB值为（5，5，5），【Reflect】（反射）的RGB值为（225，225，225），【Hilight.glossiness】（高光光泽度）为0.9，勾选【Fresnel reflections】（菲涅尔反射），如图8-39所示。

步骤21 创建客厅壁灯灯泡材质。选择一个空白材质球，将材质球类型修改为Standard标准材质。设置【Diffuse】（漫反射）的RGB值为（255，255，255），【Self-Illumination】（自发光）为100，如图8-40所示。

步骤22 创建欧式客厅花架材质。选择一个空白材质球，将材质球类型修改为VRayMtl专业材质。单击【Diffuse】（漫反射）后的贴图通道，为其添加一个【Bitmap】（位图），加载一张"花架"贴图。设置【Reflect】（反射）的RGB值为（30，30，30），【Refl.glossiness】（反射光泽度）为0.8，【Hilight.glossiness】（高光光泽度）为0.85，如图8-41所示。

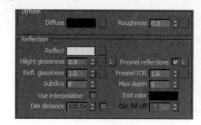

图8-39   图8-40   图8-41

至此，材质基本制作完成。接下来，我们开始制作欧式客厅的灯光效果。

8.2.4 创建灯光

步骤01 创建欧式客厅天光。首先在【Front】视图中靠近窗口的位置创建一个跟窗口差不多大的VRaylight模拟天光。在【Top】视图中将其移动到窗户外面，然后向内关联复制一个到窗户立面。进入灯光的修改面板，修改灯光的【Multiplier】（倍增值）为3，【Color】（颜色）的GRB值为（115，175，225），模拟天光的冷色调，同时勾选【Invisible】（不可见），如图8-42所示。

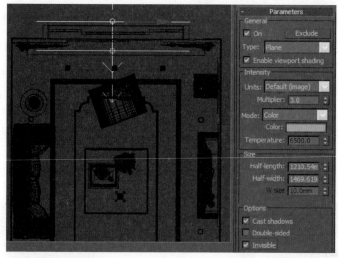

图8-42

渲染相机视图，效果如图8-43所示。

图8-43

步骤02 创建欧式客厅灯带。在【Top】视图灯带的位置创建一个VRaylight，关联复制出其他的两边。在【Front】视图中将3个VRaylight移动到灯带灯槽的位置。进入灯光的修改面板，修改灯光的【Multiplier】（倍增值）为2，【Color】（颜色）的GRB值为（255，195，115），同时勾选【Invisible】（不可见），如图8-44所示。

渲染相机视图，效果如图8-45所示。

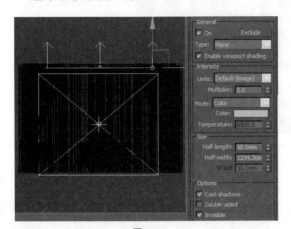

图8-44

图8-45

步骤03 创建欧式客厅筒灯灯光。在【Front】视图中创建一个VRayIES，在【Top】视图中将其关联复制到壁灯的位置。进入灯光的修改面板，单击【None】，加载一个"15"的光域网。修改灯光的【Power】（亮度）为800，【Color】（颜色）的GRB值为（250，185，45），如图8-46所示。

渲染相机视图，效果如图8-47所示。

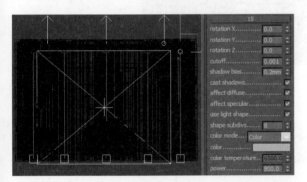

图8-46

图8-47

步骤04 创建欧式客厅台灯灯光。在【Top】视图中创建一个VRaylight，进入修改面板修改灯光的类型为【Sphere】（球体），修改灯光的【Multiplier】（倍增值）为50，【Color】（颜色）的GRB值为（250，185，45），同时勾选【Invisible】（不可见）。在透视图中移动到台灯的中心位置，关联复制一个到另一个台灯的中心位置，如图8-48所示。

渲染相机视图，效果如图8-49所示。

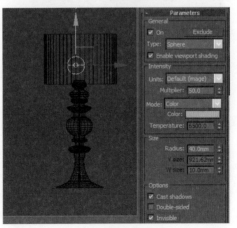

图8-48

图8-49

　　至此，整个场景的灯光基本布置完成。接下来可以准备渲染光子文件然后渲染大图。

8.2.5　调整优化灯光细分值

　　单击菜单栏【Tools】（工具），进入【VRaylight Lister】（VRay灯光列表），将所有灯光的细分值调整为24，以减少场景的噪点，如图8-50所示。

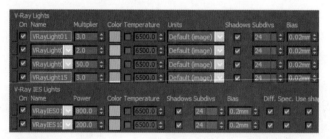

图8-50

8.2.6　创建光子文件

步骤01　在制作光子文件时，我们可以渲染一个较小尺寸的图像，如图8-51所示。

步骤02　在【VRay：Global Switches】（VRay：全局开关）面板中勾选【Don't render final image】（不渲染最终图像），如图8-52所示。

图8-51

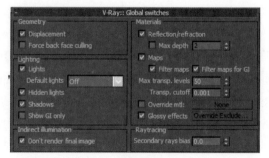

图8-52

步骤03　打开【VRay：Irradiance map】（VRay：发光贴图）面板，在【On render end】（渲染以后）选项栏中，勾选【Don't delete】（不删除）、【Auto save】（自动保存）、【Switch to saved map】（切换到保存的贴图）三个选项，并单击【Browse】（浏览），将光子文件保存到电脑的某个位置，如图8-53所示。

步骤04 用同样的方法设置【VRay: Light cache】（VRay: 灯光缓存），如图8-54所示。

图8-53　　　　　　　　　　　　　　　　图8-54

步骤05 设置完成以后，一定记得渲染一下，让整个场景的灯光信息写入到刚才我们保存的那两个空的光子文件中。

步骤06 渲染完成后，会弹出【Load Irradiance map】（加载发光贴图）面板，找到保存的发光贴图的光子文件加载即可。

8.2.7 渲染

步骤01 提高渲染尺寸。将最终渲染的尺寸设置为1600×1200，如图8-55所示。

步骤02 最终渲染需要得到最终的效果，所以在【VRay: Global Switches】（VRay: 全局开关）面板中取消勾选【Don't render final image】（不渲染最终图像），如图 8-56所示。

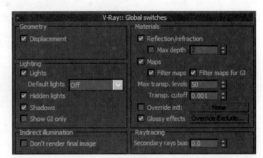

图8-55　　　　　　　　　　　　　　　　图8-56

步骤03 在【VRay: Image sampler（Antialiasing）】（VRay: 图像采样（抗锯齿））面板，将图像采样的Type（类型）修改为【Adative DMC】（自适应准蒙特卡洛），并且开启【Antialiasing filter】（抗锯齿过滤器），将抗锯齿的类型设置为【Catmull-Rom】，如图8-57所示。

步骤04 在【VRay: Irradiance map】（VRay: 发光贴图）面板，将Current preset（当前预设）设置为【High】（高），【Hsph.subdivs】（半球细分）设置为50，【Interp.samples】（插补采样）设置为40，如图8-58所示。

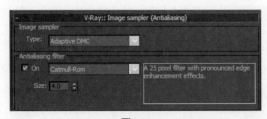

图8-57　　　　　　　　　　　　　　　　图8-58

步骤05 在【VRay: Light cache】（VRay: 灯光缓存）面板，将细分值设置为1200，同时将【Sample size】（采样尺寸）设置为0.001，如图8-59所示。

步骤06 在【VRay: DMC sampler】（VRay: 准蒙特卡洛采样）面板中，设置【Adaptive amount】（自适应数量）为0.75，【Min samples】（最小采样）为12，【Noise threshold】（噪波阈值）为0.001，如图8-60所示。

图8-59　　　　　　　　　　　　　　　　　　　　　图8-60

渲染完成后的效果如图8-61所示。

图8-61

8.2.8　创建材质通道

步骤01　将最终材质和灯光都调整好的Max文件打开，另存一份，将已经备份的Max文件里的灯光全部删除，并且将场景的渲染器由VRay渲染器还原为默认渲染器。

步骤02　打开配套光盘中的"场景文件\第8章\script"文件夹，将"渲染材质ID"脚本直接按住鼠标左键拖放到Max场景中。

步骤03　首先勾选"转换所有材质→Standard"，然后单击"转换为材质通道渲染"，如图8-62所示。

步骤04　单击渲染按钮，渲染完成后的效果如图8-63所示。

图8-62

图8-63

8.2.9 制作材质AO通道

步骤01 将最终材质和灯光都调整好的Max文件打开，进行备份，然后删除场景中的所有灯光。

步骤02 将VRay渲染器重置，并调节AO渲染参数。首先设置VRay全局开关面板。打开【VRay: Global Switches】（VRay：全局开关）面板，在【Lighting】（灯光）选项栏中选择【Default lights: Off】（默认灯光：关），如图8-64所示。

步骤03 在【VRay: Image sampler (Antialiasing)】（VRay：图像采样（抗锯齿））面板，将图像采样的Type（类型）修改为【Adaptive DMC】（自适应准蒙特卡洛），并且开启【Antialiasing filter】（抗锯齿过滤器），将抗锯齿的类型设置为【Catmull-Rom】，如图8-65所示。

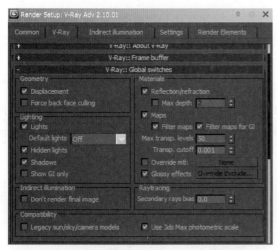

图8-64   图8-65

步骤04 AO测试参数设置完成后，我们还需要调节一个专门的AO材质。选择一个空白材质球，将材质球类型修改为【Standard】专业材质。设置【Diffuse】（漫反射）的RGB值为（255，255，255），单击【Diffuse】后的贴图通道，为其添加一张【VRayDirt】（VRay脏旧）贴图。在【VRayDirt】（VRay脏旧）面板中将脏旧的【Radius】（半径）设置为800，将【Subdivs】（细分值）设置为50。回到主材质面板，找到【Self--Illumination】（自发光），将自发光的强度设置为100，如图8-66所示。

步骤05 如果场景中具有半透明特性的物体，如玻璃、酒水、窗纱等，还需要在上面AO材质的基础上将材质的透明度修改为50，如图8-67所示。

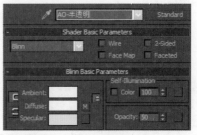

图8-66   图8-67

 注 意

渲染AO图都需要保持先前渲染成图的相机角度不变、渲染尺寸不变，否则最终到Photoshop中进行后期处理叠加的时候就会因为位置不对而变得没有意义，效果如图8-68所示。

图8-68

8.2.10　Photoshop后期处理

步骤01　启动Photoshop，打开配套光盘"场景文件\第8章\jpeg"提供的"欧式客厅"以及"欧式客厅AO"两张图像。

步骤02　激活移动工具，快捷键为"V"，按住"Shift"键的同时将图像"欧式客厅AO"拖动到"欧式客厅"图层中，然后删掉"欧式客厅AO"，如图8-69所示。

步骤03　使用键盘上的组合快捷键"Ctrl+J"将图层0复制一个，这样可以避免对源图像造成破坏，如图8-70所示。

图8-69

图8-70

步骤04　选中图层1（AO层），将图层1的图层混合模式修改为"柔光"，不透明度设置为30，如图8-71所示。

步骤05　选中图层1，为其添加一个"亮度/对比度"的调整类蒙版，如图8-72所示。将对比度调高到40，如图8-73所示。

步骤06　接着为其添加一个"色相/饱和度"的调整类蒙版，将饱和度调整为20，如图8-74所示。

图8-71

图8-72

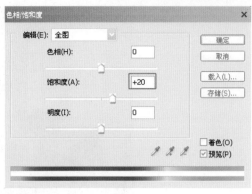

图8-73 图8-74

步骤07 为其再次添加一个"曲线"的调整类蒙版，将曲线的形状调整为如图8-75所示的样子，目的是为了让画面亮的地方更亮，暗的地方更暗，对比强烈。

步骤08 选中最上方的"曲线"调整类蒙版，按下键盘上的组合快捷键"Ctrl+Alt+Shift+E"盖印一个图层（将所有图层合并），执行滤镜/锐化/智能锐化命令，如图7-76所示。在弹出的智能锐化面板中，将锐化的数量调整为50，让图像看起来更清晰一些，如图8-77所示。

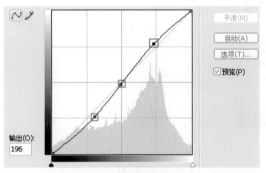

图8-75 图8-76

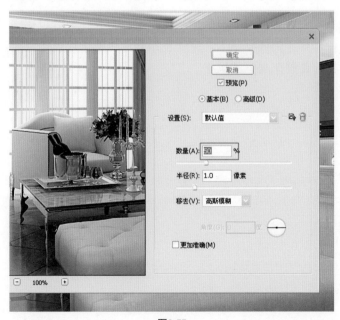

图8-77

至此，在Photoshop中的处理基本完成，效果如图8-78和图8-79所示。

图8-78

图8-79

8.3　本章小结

　　本章主要讲解了客厅的装饰风格和日景的表现方法。在实际装饰过程中，客厅是家庭住宅的核心区域，现代住宅中，客厅的面积最大，空间也是开放性的，地位也最高，它的风格基调往往是家居格调的主脉，把握着整个居室的风格。

第9章
不再孤单——夜晚卫生间

住宅卫生间空间的平面布局与气候、经济条件，文化、生活习惯，家庭人员构成，设备大小、形式有很大关系。因此布局上有多种形式，例如有把几件卫生设备组织在一个空间中的，也有分置在几个小空间中的。归结起来可分为兼用型、独立型和折中型三种形式。

本章主要讲解了卫生间的布局形式以及夜晚卫生间的表现方法。

本章要点

- 卫生间介绍。
- 卫生间相机架设。
- 卫生间材质制作。
- 卫生间灯光制作。
- 卫生间渲染。
- 卫生间后期处理。

9.1 卫生间介绍

卫生间通常分为3种类型：独立型、兼用型和折中型，下面分别对它们进行简要的介绍。

（1）独立型：浴室、厕所、洗脸间等各自独立的卫生间。独立型的优点是各室可以同时使用，特别是在高峰期可以减少互相干扰，各室功能明确，使用起来方便、舒适。缺点是空间面积占用多，建造成本高。

（2）兼用型：把浴盆、洗脸池、便器等洁具集中在一个空间中的卫生间。单独设立洗衣间，可使家务工作简便、高效；洗脸间从中独立出来，其作为化妆室的功能变得更加明确。洗脸间位于中间可兼作厕所与浴室的前室，卫生空间在内部分隔，而总出入口只设一处，是利于布局和节省空间的做法。

兼用型的优点是节省空间、经济、管线布置简单等。缺点是一个人占用卫生间时，影响其他人的使用，此外，面积较小时，储藏等空间很难设置，不适合人口多的家庭。兼用型一般不适合放洗衣机，因为卫浴的湿气会影响洗衣机的寿命，如图9-1所示。

（3）折中型：卫生间中放置基本设备，部分独立的设施放到一处的情况。折中型的优点是相对节省一些空间，组合比较自由，缺点是部分卫生设施设置于一室时，仍有互相干扰的现象。

除了上述几种基本布局形式以外，卫生间还有许多更加灵活的布局形式，这主要是因为现代人给卫生间注入新概念，增加许多新要求的结果。因此，我们在卫生间的装饰中，不要拘泥于条条框框，只要自己喜欢，同时又方便实用就好。本案例中讲解的就是第二种卫生间的布局形式。

图9-1

9.2 夜晚卫生间设计与制作

9.2.1 创建相机

步骤01 打开配套光盘中的"场景文件\第9章\max\卫生间-初始.max"文件，单击命令面板【Cameras】（相机）下的【Target】（目标相机），在【Top】视图中创建一个如图9-2所示的相机。

步骤02 相机创建完成后，在透视图中观察一下，发现相机是在地上的，进入【Front】视图，将其大致地调整到卫生间层高一半的位置，如图9-3所示。

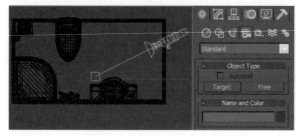

图9-2

图9-3

步骤03 进入相机的修改面板修改相机的镜头，如图9-4所示。

步骤04 进入相机的修改面板，将相机修改为切角相机。注意，一般情况下需要将【Near Clip】（近切）切近房间，【Far Clip】（远切）切出房间，如图9-5所示。

图9-4

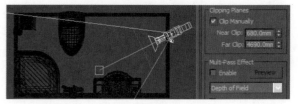

图9-5

至此，相机基本架设完成。读者可以根据自己的感觉对相机的镜头和角度进行微调，让整个卫生间的主体在相机的中心位置为宜。

9.2.2 设置VRay测试渲染参数

步骤01 按"F10"键，弹出【Render Setup】（渲染设置）面板，在【Common】（通用）子面板下单击

【Assign Renderer】（指定渲染器）卷展栏。单击Production（产品级）后的■■■（选择渲染器），弹出【Choose Renderer】，然后将VRay Adv 2.10.01指定为当前渲染器。

步骤02 将测试渲染时的渲染尺寸设置为一个较小的值，如图9-6所示。

步骤03 在【VRay：Frame buffer】（VRay：帧缓存）面板中，勾选【Enable built-in Frame Buffer】（启用VRay内置的帧缓存），如图9-7所示。

图9-6

图9-7

步骤04 打开【VRay：Global Switches】（VRay：全局开关）面板，在【Lighting】（灯光）选项栏中选择【Default lights：Off】（默认灯光：关），如图9-8所示。

步骤05 在【VRay：Image sampler（Antialiasing）】（VRay：图像采样（抗锯齿））面板中，将图像采样的Type（类型）修改为Fixed（固定比例），并且关闭Antialiasing filter（抗锯齿过滤器），目的是获得更快的渲染速度，如图9-9所示。

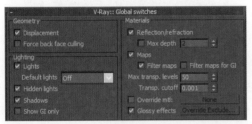

图9-8

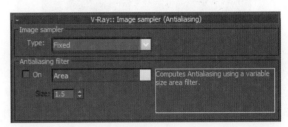

图9-9

步骤06 设置全局光渲染引擎。打开【VRay：Indirect illumination（GI）】（VRay：间接照明）面板，开启GI，然后将二次反弹设置为Light cache（灯光缓存），如图9-10所示。

步骤07 打开【VRay：Irradiance map】（VRay：发光贴图）面板，将Current preset（当前预设）设置为Low（低），勾选Show calc.phase（显示计算相位），便于在测试渲染的时候能快速预览到渲染效果，如图9-11所示。

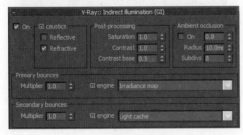

图9-10

图9-11

步骤08 打开【VRay：Light cache】（VRay：灯光缓存）面板，将细分值设置为100，同时勾选Show calc.phase（显示计算相位），如图9-12所示。

至此，测试阶段有关渲染器的设置就全部设置完成。接下来，重点学习材质的制作。

图9-12

9.2.3 创建材质

步骤01 创建卫生间墙体材质。选择一个空白材质球，将材质球类型修改为VRayMtl专业材质。单击【Diffuse】（漫反射）后的贴图通道，为其添加一个【Bitmap】（位图），加载一张"墙体"贴图。设置【Reflect】（反射）的RGB值为（15，15，15），【Hilight.glossiness】（高光光泽度）为0.55，【Refl. glossiness】（反射光泽度）为0.9，【Subdivs】（细分值）为15，如图9-13所示。将其赋予场景中的四面墙壁、腰线以及地面。最后为其添加一个【UVW map】修改器。

步骤02 创建卫生间顶部材质。选择一个空白材质球，将材质球类型修改为VRayMtl专业材质。设置【Diffuse】（漫反射）颜色RGB值为（250，250，250），【Reflect】（反射）的RGB值为（20，20，20），【Hilight.glossiness】（高光光泽度）为0.6，【Refl.glossiness】（反射光泽度）为0.6，【Subdivs】（细分值）为15，如图9-14所示。

图9-13

图9-14

步骤03 创建卫生间陶瓷材质。选择一个空白材质球，将材质球类型修改为VRayMtl专业材质。设置【Diffuse】（漫反射）颜色RGB值为（250，250，250），【Reflect】（反射）的RGB值为（35，35，35），【Refl.glossiness】（反射光泽度）为0.98，如图9-15所示。将其赋予场景中的马桶、洗面池以及浴室房的顶和底。

步骤04 创建卫生间不锈钢材质。选择一个空白材质球，将材质球类型修改为VRayMtl专业材质。设置【Diffuse】（漫反射）颜色RGB值为（90，90，90），【Reflect】（反射）的RGB值为（180，180，180），【Refl.glossiness】（反射光泽度）为0.9，【Subdivs】（细分值）为15，如图9-16所示。

图9-15

图9-16

步骤05 创建卫生间洗面台木纹材质。选择一个空白材质球，将材质球类型修改为VRayMtl专业材质。单击【Diffuse】（漫反射）后的贴图通道，为其添加一个【Bitmap】（位图），加载一张"洗面台木纹"贴图。单击【Reflect】（反射）后的贴图通道，为其添加一个【Falloff】（衰减）贴图，进入【Falloff】（衰减）贴图层级，设置【Color2】（颜色2）的RGB值为（165，205，255），如图9-17所示。返回上一级，设置【Hilight.glossiness】（高光光泽度）为0.8，【Refl.glossiness】（反射光泽度）为0.9，【Subdivs】（细分值）为15，如图9-18所示。将其赋予场景中的洗面台柜子。最后为其添加一个【UVW map】修改器。

图9-17

图9-18

步骤06 创建洗面台大理石台面材质。选择一个空白材质球，将材质球类型修改为VRayMtl专业材质。单击【Diffuse】（漫反射）后的贴图通道，为其添加一个【Bitmap】（位图），加载一张"洗面台大理石"贴图。修改【Reflect】（反射）的RGB值为（50，50，50），【Hilight.glossiness】（高光光泽度）为0.56，【Refl.glossiness】（反射光泽度）为0.8，【Subdivs】（细分值）为15，如图9-19所示。将其赋予场景中的洗面台台面。最后为其添加一个【UVW map】修改器。

步骤07 创建盆栽叶子材质。选择一个空白材质球，将材质球类型修改为VRayMtl专业材质。单击【Diffuse】（漫反射）后的贴图通道，为其添加一个【Bitmap】（位图），加载一张"盆栽-叶子"贴图。修改【Reflect】（反射）的RGB值为（30，30，30），【Refl.glossiness】（反射光泽度）为0.55，如图9-20所示。

图9-19

图9-20

步骤08 创建盆栽枝干材质。选择一个空白材质球，将材质球类型修改为VRayMtl专业材质。单击【Diffuse】（漫反射）后的贴图通道，为其添加一个【Bitmap】（位图），加载一张"盆栽-枝干"贴图。修改【Reflect】（反射）的RGB值为（20，20，20），【Refl.glossiness】（反射光泽度）为0.6，如图9-21所示。

步骤09 创建盆栽花瓣材质。选择一个空白材质球，将材质球类型修改为VRayMtl专业材质。单击【Diffuse】（漫反射）后的贴图通道，为其添加一个【Bitmap】（位图），加载一张"盆栽-花"贴图。修改【Reflect】（反射）的RGB值为（10，10，10），【Refl.glossiness】（反射光泽度）为0.9，如图9-22所示。

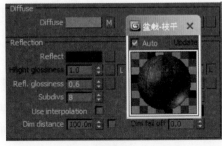

图9-21

图9-22

步骤10 创建卫生间毛巾材质。选择一个空白材质球，将材质球类型修改为VRayMtl专业材质。单击【Diffuse】（漫反射）后的贴图通道，为其添加一个【Bitmap】（位图），加载一张"毛巾"贴图，如图9-23所示。

步骤11 创建卫生间壁灯灯罩材质。选择一个空白材质球，将材质球类型修改为VRayMtl专业材质。设置【Diffuse】（漫反射）的RGB值为（180，180，180），【Refract】（折射）的RGB值为（150，150，150），【IOR】（折射率）为1.001，【Glossiness】（光泽度）为0.8，【Subdivs】（细分值）为20，勾选【Affect shadows】（影响阴影），如图9-24所示。

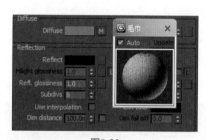

图9-23

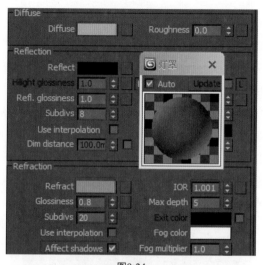

图9-24

步骤12 创建淋浴房玻璃门材质。选择一个空白材质球，将材质球类型修改为Standard标准材质。设置【Diffuse】（漫反射）的RGB值为（145，170，190），【Opacity】（透明度）为15，【Specular Level】（高光级别）为80，【Glossiness】（光泽度）为30，如图9-25所示。在下面的【Maps】（贴图）面板中，在【Reflection】（反射）后面添加一张【VRaymap】（VRay贴图），修改反射的强度为8，如图9-26所示。

步骤13 创建卫生间镜面材质。选择一个空白材质球，将材质球类型修改为VRayMtl专业材质。设置【Reflect】（反射）的RGB值为（250，250，250），如图9-27所示。

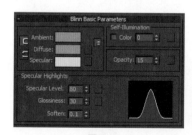

图9-25

图9-26

图9-27

至此，整个场景的材质基本制作完成。

9.2.4 创建灯光

步骤01 创建卫生间天光。首先在【Front】视图中靠近相机的位置创建一个跟门口差不多大的VRaylight模拟天光。进入灯光的修改面板，修改灯光的【Multiplier】（倍增值）为2，【Color】（颜色）的GRB值为（135，175，220），模拟天光的冷色调，同时勾选【Invisible】（不可见），如图9-28所示。

测试渲染一下，效果如图9-29所示。

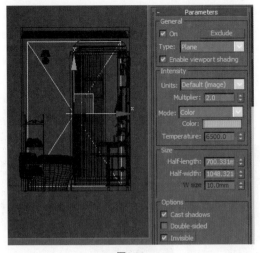

图9-28

图9-29

步骤02 创建卫生间主光。在【Top】视图中创建一个VRaylight,在【Front】视图中将其拖动到靠近屋顶的位置。进入灯光的修改面板,修改灯光的【Multiplier】(倍增值)为10,【Color】(颜色)的GRB值为(255,180,110),模拟主灯的暖色调,同时勾选【Invisible】(不可见),如图9-30所示。

渲染相机视图,效果如图9-31所示。

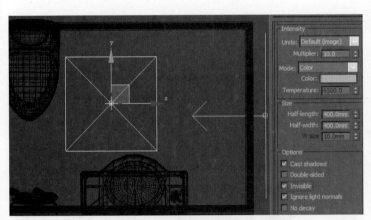

图9-30

图9-31

步骤03 创建卫生间筒灯灯光。在【Front】视图中创建一个VRayIES,在【Top】视图中将其关联复制到壁灯的位置。进入灯光的修改面板,单击【None】,加载一个"WSJ"的光域网。修改灯光的【Power】(亮度)为800,【Color】(颜色)的GRB值为(205,250,250),如图9-32所示。

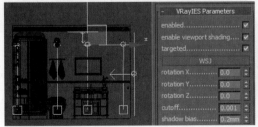

图9-32

渲染相机视图,效果如图9-33所示。

步骤04 创建卫生间壁灯灯光。在【Top】视图中创建一个VRaylight，进入修改面板将灯光的类型修改为【Sphere】（球体），灯光的【Multiplier】（倍增值）修改为50，在透视图中移动到壁灯的中心位置，关联复制一个到另一个壁灯的位置，如图9-34所示。

渲染相机视图，效果如图9-35所示。

 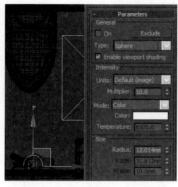 

图9-33　　　　　　　　　　　图9-34　　　　　　　　　　　图9-35

至此为止，整个卫生间的灯光基本布置完成，接下来可以准备渲染光子文件然后渲染大图了。

9.2.5 调整优化灯光细分值

单击菜单栏中的【Tools】（工具），进入【VRaylight Lister】（VRay灯光列表），将所有灯光的细分值调整为24，以减少场景的噪点。

9.2.6 创建光子文件

步骤01 在制作光子文件时，我们可以渲染一个较小尺寸的图像，如图9-36所示。

步骤02 在【VRay: Global Switches】（VRay: 全局开关）面板中勾选【Don't render final image】（不渲染最终图像），如图9-37所示。

 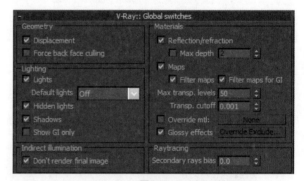

图9-36　　　　　　　　　　　　　　　　图9-37

步骤03 打开【VRay: Irradiance map】（VRay: 发光贴图）面板，在【On render end】（渲染以后）选项栏中，勾选【Don't delete】（不删除）、【Auto save】（自动保存）、【Switch to saved map】（切换到保存的贴图）三个选项，并单击【Browse】（浏览），将光子文件保存到电脑的某个位置，如图9-38所示。

步骤04 用同样的方法设置【VRay: Light cache】（VRay: 灯光缓存），如图9-39所示。

图9-38　　　　　　　　　　　　　　　　　图9-39

步骤05　设置完成以后，一定记得渲染一下，让整个场景的灯光信息写入刚才我们保存的那两个空的光子文件中。

步骤06　渲染完成后，会弹出【Load Irradiance map】（加载发光贴图）面板，找到保存的发光贴图的光子文件加载即可。

9.2.7　渲染

步骤01　提高渲染尺寸。将最终渲染的尺寸设置为1360×1600，如图9-40所示。

步骤02　最终渲染需要得到最终的效果，所以在【VRay：Global Switches】（VRay：全局开关）面板中取消勾选【Don't render final image】（不渲染最终图像），如图9-41所示。

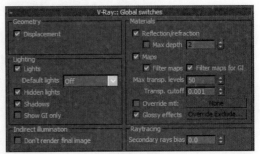

图9-40　　　　　　　　　　　　　　　　　图9-41

步骤03　在【VRay：Image sampler（Antialiasing）】）（VRay：图像采样（抗锯齿））面板中，将图像采样的Type（类型）修改为【Adative DMC】（自适应准蒙特卡洛），并且开启【Antialiasing filter】（抗锯齿过滤器），将抗锯齿的类型设置为【Catmull-Rom】，如图9-42所示。

步骤04　在【VRay：Irradiance map】（VRay：发光贴图）面板，将Current preset（当前预设）设置为【High】（高），【Hsph.subdivs】（半球细分）设置为50，【Interp.samples】（插补采样）设置为40，如图9-43所示。

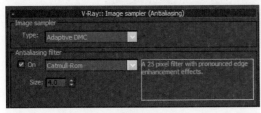

图9-42　　　　　　　　　　　　　　　　　图9-43

步骤05　在【VRay：Light cache】（VRay：灯光缓存）面板，将细分值设置为1200，同时将【Sample Size】（采样尺寸）设置为0.001，如图9-44所示。

步骤06　在【VRay：DMC sampler】（VRay：准蒙特卡洛采样）面板中，设置【Adaptive amount】（自适应数量）为0.75，【Min samples】（最小采样）为12，【Noise threshold】（噪波阈值）为0.001，如图9-45所示。

图9-44 　　　　　　　　　　　　　　　　　　 图9-45

渲染完成后，效果如图9-46所示。

图9-46

9.2.8 创建材质通道

步骤01 将最终材质和灯光都调整好的Max文件打开，另存一份，将已经备份的Max文件里的灯光全部删除，并且将场景的渲染器由VRay渲染器还原为默认渲染器。

步骤02 打开光盘中的"场景文件\第9章\script"文件夹，将"渲染材质ID"脚本直接按住鼠标左键拖放到Max场景中。

步骤03 首先勾选"转换所有材质→Standard"，然后单击"转换为材质通道渲染"，如图9-47所示。

图9-47

步骤04 单击渲染按钮，渲染完成后的效果如图9-48所示。

图9-48

9.2.9 制作材质AO通道

步骤01 将最终材质和灯光都调整好的Max文件打开，备份一个，删除场景中的所有灯光。

步骤02 将VRay渲染器重置，并调节一下AO渲染参数。首先设置VRay全局开关面板。打开【VRay: Global Switches】（VRay: 全局开关）面板，在【Lighting】（灯光）选项栏中选择【Default lights: Off】（默认灯光: 关），如图9-49所示。

步骤03 在【VRay: Image sampler（Antialiasing）】（VRay: 图像采样（抗锯齿））面板，将图像采样的Type（类型）修改为【Adaptive DMC】（自适应准蒙特卡洛），并且开启【Antialiasing filter】（抗锯齿过滤器），将抗锯齿的类型设置为【Catmull-Rom】，如图9-50所示。

步骤04 AO测试参数设置完成后，我们还需要调节一个专门的AO材质。选择一个空白材质球，将材质球类型修改为【Standard】专业材质，【Diffuse】（漫反射）的RGB值为（255，255，255），单击【Diffuse】后的贴图通道，为其添加一张【VRayDirt】（VRay脏旧）贴图。在【VRayDirt】（VRay脏旧）面板中将脏旧的【Radius】（半径）设置为800，将【Subdivs】（细分值）设置为50。回到主材质面板，找到【Self-Illumination】（自发光），将自发光的强度设置为100，如图9-51所示。

如果场景中具有半透明特性的物体，如玻璃、酒水、窗纱等，还需要在上面AO材质的基础上将材质的透明度修改为50，如图9-52所示。

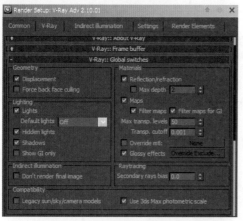

图9-49

图9-50

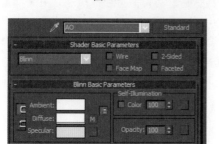

图9-51

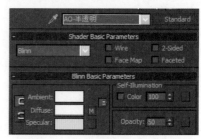

图9-52

注意

渲染 AO图都需要保持先前渲染成图的相机角度不变、渲染尺寸不变，否则最终到 Photoshop中进行后期处理叠加的时候，就会因为位置不对而变得没有意义，效果如图 9-53所示。

图9-53

9.2.10 Photoshop后期处理

步骤01　启动Photoshop，打开配套光盘"场景文件\第9章\jpeg"中的"卫生间"以及"卫生间AO"两张图像。

步骤02　激活移动工具，快捷键为"V"，按住"Shift"键的同时将图像"卫生间AO"拖动到"卫生间"图层中，然后删掉"卫生间AO"，如图9-54所示。

步骤03　使用键盘上的组合快捷键"Ctrl+J"将图层0复制一个，这样可以避免对源图像造成破坏，如图9-55所示。

图9-54　　　　　　　　　　　　　　　　　　图9-55

步骤04　选中图层1（AO层），将图层1的图层混合模式修改为"柔光"，不透明度设置为30，如图9-56所示。

步骤05　选中图层1，为其添加一个"亮度/对比度"的调整类蒙版，如图9-57所示。将对比度调高到30，亮度为30，如图9-58所示。

步骤06　接着为其添加一个"色相/饱和度"的调整类蒙版，将饱和度调整为20，如图9-59所示。

图9-56　　　　　　　　　　　　　　　　　　图9-57

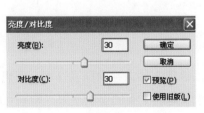 

图9-58　　　　　　　　　　　　　　　　　　图9-59

步骤07　选中最上方的"色相/饱和度"调整类蒙版，按下键盘上的组合快捷键"Ctrl+Alt+Shift+E"盖印一个图层（将所有图层合并），执行滤镜/锐化/智能锐化命令，如图9-60所示。在弹出的智能锐化面板中，将锐化的数量调整为30，让图像看起来更清晰一些，如图9-61所示。

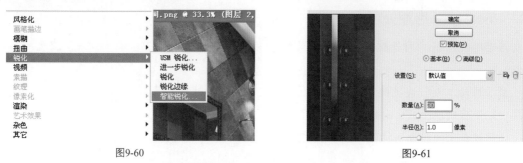

图9-60   图9-61

至此，在Photoshop中的处理基本完成，效果如图9-62所示。

图9-62

9.3 本章小结

本章主要讲解了卫生间的布局形式以及夜晚卫生间的表现方法。在实际设计中，理想的卫生间应该在5~8平方米，最好卫浴分区或卫浴分开。3平方米是卫生间的面积底限，刚刚可以把洗手台、坐便器和沐浴设备统统安排在内。3平方米大小的卫生间选择洁具时，必须考虑留有一定的活动空间，洗手台、坐便器最好选择小巧的；淋浴要靠墙角设置，淋浴器可以采用一字形淋浴板或简易花洒。另外，可利用浴室镜达到扩大小空间的视觉效果。

第10章
关注下一代——温馨儿童房

儿童房一直是家长和社会关注的焦点问题，儿童房的设计，一般来说主要是考虑5个方面的问题：安全性能、材料环保、色彩搭配、家具选择及光线。

本章主要讲解了儿童房的装饰特点以及儿童房日景的表现方法。

本章要点

- 儿童房介绍。
- 儿童房相机架设。
- 儿童房材质制作。
- 儿童房灯光制作。
- 儿童房渲染。
- 儿童房后期处理。

10.1 儿童房风格介绍

科学合理地装潢儿童居室，对培养儿童健康成长、养成独立生活能力、启迪他们的智慧具有十分重要的意义。在儿童房的设计与色调上要特别注意安全性与搭配原理，如图10-1所示。

图10-1

儿童房是孩子的卧室、起居室和游戏空间，应增添有利于孩子观察、思考、游戏的成分。在孩子居室装饰品方面，要注意选择一些富有创意和教育意义的多功能产品，如图10-2所示。

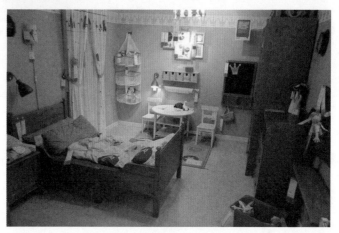

图10-2

　　儿童房在色彩和空间搭配上最好以明亮、轻松、愉悦为选择方向，不妨多点对比色。用这些来区分不同功能的空间效果最好，过渡色彩一般可选用白色，如图10-3所示。

图10-3

　　儿童房的照明应该充足并且合适，这样可以让孩子感觉到温暖和有安全感，有助于消除孩子独处时的孤独感，如图10-4所示。

图10-4

一般来说，0至6岁儿童被称为学龄前儿童，他们通过色彩、形状、声音等感官的刺激直观地感知世界，在他们眼里，没有流行的色彩，只要是对比反差大、浓烈、鲜艳的纯色都能引起他们强烈的兴趣，也能帮助他们认识自己所处的世界。把孩子的空间设计得五彩缤纷，不仅适合儿童天真的心理，而且鲜艳的色彩在其中会洋溢起希望与生机，如图10-5所示。对于性格软弱过于内向的孩子，宜采用对比强烈的颜色，刺激神经的发育；而对于性格太暴躁的儿童，淡雅的颜色，则有助于塑造健康的心态。

图10-5

10.2 儿童房的设计与制作

10.2.1 创建相机

步骤01 打开配套光盘"场景文件\第10章\max"文件夹中的"儿童房.max"文件。单击命令面板【Cameras】（相机）下的【Target】（目标相机），在【Top】视图中创建一个如图10-6所示的相机。

步骤02 进入【Front】视图，将其大致地调整到儿童房层高一半的位置，如图10-7所示。

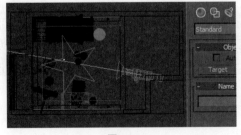

图10-6

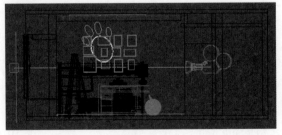

图10-7

步骤03 进入相机的修改面板修改相机的镜头，如图10-8所示。

步骤04 进入相机的修改面板，将相机修改为切角相机。调整【Near Clip】（近切）和【Far Clip】（远切），如图10-9所示。

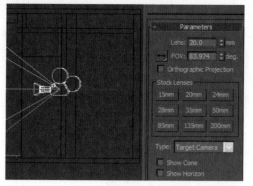
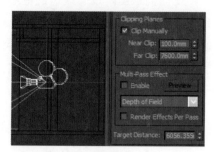

图10-8 图10-9

步骤05 按下键盘上的组合快捷键"Shift+F"开启安全框,这样做的好处是可以确保大家在相机视图看到的就是我们最终渲染的效果,如图10-10所示。

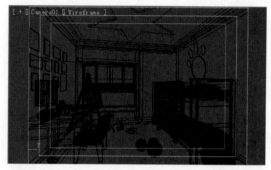

图10-10

至此,相机基本架设完成。接下来开始指定场景渲染器并设置测试渲染参数。

10.2.2 设置VRay测试渲染参数

步骤01 按"F10"键,弹出【Render Setup】(渲染设置)面板,在【Common】(通用)子面板下单击【Assign Renderer】(指定渲染器)卷展栏。单击Production(产品级)后的 ▪▪▪ (选择渲染器),弹出【Choose Renderer】,然后将VRay Adv 2.10.01指定为当前渲染器。

步骤02 将测试渲染时的渲染尺寸设置为一个较小的值,如图10-11所示。

步骤03 在【VRay: Frame buffer】(VRay: 帧缓存)面板中,勾选【Enable built-in Frame Buffer】(启用VRay内置的帧缓存),如图10-12所示。

图10-11 图10-12

步骤04 打开【VRay: Global Switches】(VRay: 全局开关)面板,在【Lighting】(灯光)选项栏中选择【Default lights: Off】(默认灯光: 关),如图10-13所示。

步骤05 在【VRay: Image sampler(Antialiasing)】(VRay: 图像采样(抗锯齿))面板中,将图像采样的Type(类型)修改为Fixed(固定比例),并且关闭Antialiasing filter(抗锯齿过滤器),目的是获得更快的渲染速度,如图10-14所示。

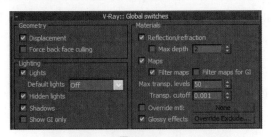

图10-13 图10-14

步骤06 设置全局光渲染引擎。打开【VRay：Indirect illumination（GI）】（VRay：间接照明）面板，开启GI，然后将二次反弹设置为Light cache（灯光缓存），如图10-15所示。

步骤07 打开【VRay：Irradiance map】（VRay：发光贴图）面板，将Current preset（当前预设）设置为Low（低），勾选Show calc.phase（显示计算相位），便于在测试渲染的时候能快速预览到渲染效果，如图10-16所示。

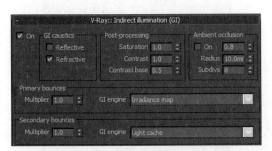

图10-15

图10-16

步骤08 打开【VRay：Light cache】（VRay：灯光缓存）面板，将细分值设置为100，同时勾选Show calc.phase（显示计算相位），如图10-17所示。

至此，测试阶段有关渲染器的设置就全部设置完成。

图10-17

10.2.3 创建材质

步骤01 创建儿童房墙体材质。选择一个空白材质球，将材质球类型修改为VRayMtl专业材质。设置【Diffuse】（漫反射）颜色RGB值为（25，110，215），【Reflect】（反射）的RGB值为（120，120，120），【Refl.glossiness】（反射光泽度）为0.7，【Subdivs】（细分值）为20，勾选【Fresnel reflections】（菲涅尔反射），如图10-18所示。

步骤02 创建儿童房地板材质。择一个空白材质球，将材质球类型修改为VRayMtl专业材质。单击【Diffuse】（漫反射）后的贴图通道，为其添加一个【Bitmap】（位图），加载一张"木地板"贴图。设置【Reflect】（反射）的RGB值为（30，30，30），【Hilight.glossiness】（高光光泽度）为0.6，【Refl. glossiness】（反射光泽度）为0.8，【Subdivs】（细分值）为15，如图10-19所示，最后为其添加一个【UVW map】修改器。

步骤03 创建儿童房顶部材质。选择一个空白材质球，将材质球类型修改为VRayMtl专业材质。设置【Diffuse】（漫反射）颜色RGB值为（250，250，250），如图10-20所示。

步骤04 创建儿童房书桌材质。选择一个空白材质球，将材质球类型修改为VRayMtl专业材质。单击【Diffuse】（漫反射）后的贴图通道，为其添加一个【Bitmap】（位图），加载一张"书桌木纹"贴图。

设置【Reflect】(反射)的RGB值为（30，30，30），【Refl.glossiness】(反射光泽度)为0.86，【Subdivs】(细分值)为18，如图10-21所示。最后为其添加一个【UVW map】修改器。

图10-18

图10-19

图10-20

图10-21

步骤05 创建儿童房床板材质。选择一个空白材质球，将材质球类型修改为VRayMtl专业材质。单击【Diffuse】(漫反射)后的贴图通道，为其添加一个【Bitmap】(位图)，加载一张"床板木纹"贴图。设置【Reflect】(反射)的RGB值为（165，165，165），【Refl.glossiness】(反射光泽度)为0.8，【Subdivs】(细分值)为24，勾选【Fresnel reflections】(菲涅尔反射)，将【Fresnel IOR】(菲涅尔折射率)修改为2，让其反射清晰一点，如图10-22所示。

图10-22

步骤06 创建儿童房被子材质。选择一个空白材质球，将材质球类型修改为VRayMtl专业材质。单击【Diffuse】(漫反射)后的贴图通道，为其添加一个【Falloff】(衰减)贴图，进入【Falloff】(衰减)贴图层级，【Color1】(颜色1)的RGB值为（145，10，20），【Color2】(颜色2)的RGB值为（215，135，135），如图10-23所示。回到上一材质层级，单击【Reflect】(反射)后的贴图通道，为其添加一个【Bitmap】(位图)，加载一张"被子反射"贴图，设置【Refl.glossiness】(反射光泽度)为0.5，【Subdivs】(细分值)为15，勾选【Fresnel reflections】(菲涅尔反射)，如图10-24所示。将制作好的材质赋予被子模型，并为其添加一个【UVW map】修改器。使用同样的方法制作床单的材质。

图10-23

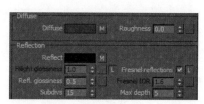

图10-24

步骤07 创建儿童房台灯材质。选择一个空白材质球，将材质球类型修改为VRayMtl专业材质。单击【Diffuse】（漫反射）后的贴图通道，为其添加一个【Bitmap】（位图），加载一张"台灯"贴图。设置【Reflect】（反射）的RGB值为（185，185，185），勾选【Fresnel reflections】（菲涅尔反射），将【Fresnel IOR】（菲涅尔折射率）修改为2，【Refract】（折射）修改为（10，10，10），勾选【Affect shadows】（影响阴影），如图10-25所示。

步骤08 创建儿童房台灯底座材质。选择一个空白材质球，将材质球类型修改为VRayMtl专业材质。设置【Diffuse】（漫反射）颜色RGB值为（235，150，35），【Reflect】（反射）的RGB值为（138，138，138），【Refl.glossiness】（反射光泽度）为0.92，【Subdivs】（细分值）为16，勾选【Fresnel reflections】（菲涅尔反射），将【Fresnel IOR】（菲涅尔折射率）修改为3，如图10-26所示。

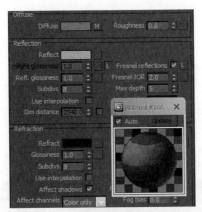

图10-25

图10-26

步骤09 创建儿童房不锈钢材质。选择一个空白材质球，将材质球类型修改为VRayMtl专业材质。设置【Diffuse】（漫反射）颜色RGB值为（90，90，90），【Reflect】（反射）的RGB值为（180，180，180），【Refl.glossiness】（反射光泽度）为0.9，【Subdivs】（细分值）为15，如图10-27所示。

步骤10 创建儿童房窗户、踢脚线材质。选择一个空白材质球，将材质球类型修改为VRayMtl专业材质。设置【Diffuse】（漫反射）颜色RGB值为（255，190，25），【Reflect】（反射）的RGB值为（120，120，120），【Refl.glossiness】（反射光泽度）为0.7，【Subdivs】（细分值）为20，勾选【Fresnel reflections】（菲涅尔反射），将【Fresnel IOR】（菲涅尔折射率）修改为3，如图10-28所示。

图10-27

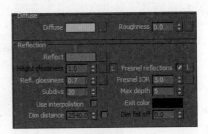

图10-28

步骤11 创建儿童房窗纱材质。选择一个空白材质球，将材质球类型修改为VRayMtl专业材质。设置【Diffuse】（漫反射）的RGB值为（250，250，250），【Refract】（折射）为（150，150，150），【IOR】（折射率）为1.001，【Glossiness】（光泽度）为0.8，【Subdives】（细分值）为15，勾选【Affect shadows】（影响阴影），如图10-29所示。

步骤12 创建儿童房外景材质。选择一个空白材质球，将材质球类型修改为VRaylightMtl（VRay灯光材质）。单击【Color】（颜色）后面的贴图通道，为其添加一个"外景"贴图，如图10-30所示。

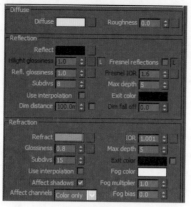

图10-29

图10-30

至此，场景的材质基本制作完成。

10.2.4 创建灯光

步骤01 创建儿童房天光。首先在【Front】视图中靠近窗口的位置创建一个跟窗口差不多大的VRaylight模拟天光。在【Top】视图中将其移动到窗户外面，然后向内关联复制一个到窗户前面，如图10-31所示。进入灯光的修改面板，修改灯光的【Multiplier】（倍增值）为3，【Color】（颜色）的GRB值为（140，180，225），模拟天光的冷色调，同时勾选【Invisible】（不可见），如图10-32所示。

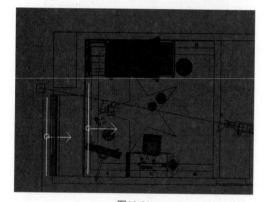

图10-31

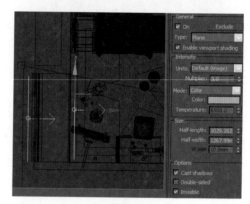

图10-32

渲染相机视图，效果如图10-33所示。

图10-33

步骤02 创建儿童房灯带。在【Top】视图灯带的位置创建一个VRaylight，关联复制出其他的两边。在【Front】视图中将3个VRaylight移动到灯带灯槽的位置，如图10-34所示。进入灯光的修改面板，修改灯光的【Multiplier】（倍增值）为1.5，【Color】（颜色）的GRB值为（255，165，50），同时勾选【Invisible】（不可见），如图10-35所示。

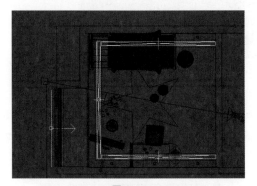

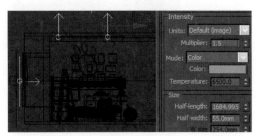

图10-34   图10-35

渲染相机视图，效果如图10-36所示。

图10-36

步骤03 创建天花灯带。在两个侧视图天花灯带的位置创建一个VRaylight，关联复制出其他的边上的VRaylight。在【Top】视图中调整好位置，如图10-37所示。在【Front】视图中将所有天花上的VRaylight移动到天花灯槽的位置。进入灯光的修改面板，修改灯光的【Multiplier】（倍增值）为3，【Color】（颜色）的GRB值为（255，165，50），取消勾选【Invisible】（不可见），如图10-38所示。

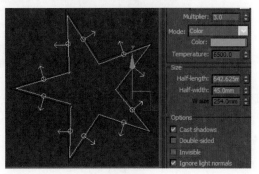

图10-37   图10-38

调整完成后，渲染相机视图，效果如图10-39所示。

图10-39

步骤04 创建儿童房筒灯灯光。在【Front】视图筒灯位置从上往下创建一个VRayIES，在【Top】视图将其关联复制到壁灯的位置，如图10-40所示。进入灯光的修改面板，单击【None】，加载一个"19"的光域网。修改灯光的【Power】（亮度）为800，【Color】（颜色）的GRB值为（255，170，50），如图10-41所示。

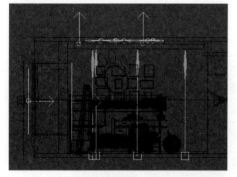

图10-40

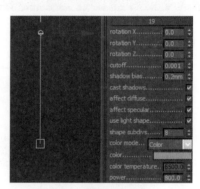

图10-41

渲染相机视图，效果如图10-42所示。

图10-42

步骤05 创建儿童房台灯灯光。在【Top】视图中创建一个VRaylight，进入修改面板修改灯光的类型为【Sphere】（球体），将灯光的【Multiplier】（倍增值）修改为50，【Color】（颜色）的GRB值修改为（250，185，45），同时勾选【Invisible】（不可见）。在透视图中移动到台灯的中心位置，关联复制一个到另一个台灯的中心位置，如图10-43所示。

渲染相机视图，效果如图10-44所示。

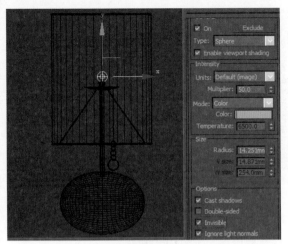

图10-43

图10-44

步骤06 创建儿童房太阳光。在【Top】视图中创建一个VRaysun，在【Front】视图中将VRaysun移动到适当的高度，如图10-45所示。进入太阳光的修改面板，修改太阳光的【intensity multiplier】（密度倍增）为0.035，如图10-46所示。

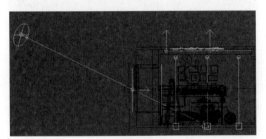

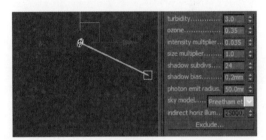

图10-45

图10-46

渲染相机视图，效果如图10-47所示。

图10-47

至此，儿童房的整个灯光基本布置完成。

10.2.5 调整优化灯光细分值

单击菜单栏中的【Tools】（工具），进入【VRaylight Lister】（VRay灯光列表），将所有灯光的细分值调整为24，以减少场景的噪点，如图10-48所示。

图10-48

10.2.6 创建光子文件

步骤01 在制作光子文件时，我们可以渲染一个较小尺寸的图像，如图10-49所示。

步骤02 在【VRay: Global Switches】(VRay: 全局开关) 面板中勾选【Don't render final image】(不渲染最终图像)，如图10-50所示。

图10-49

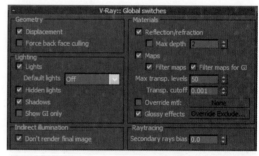

图10-50

步骤03 打开【VRay: Irradiance map】(VRay: 发光贴图) 面板，在【On render end】(渲染以后) 选项栏中，勾选【Don't delete】(不删除)、【Auto save】(自动保存)、【Switch to saved map】(切换到保存的贴图) 三个选项，并单击【Browse】(浏览)，将光子文件保存到电脑的某个位置，如图10-51所示。

步骤04 用同样的方法设置【VRay: Light cache】(VRay: 灯光缓存)，如图10-52所示。

图10-51

图10-52

步骤05 设置完成以后，一定记得渲染一下，让整个场景的灯光信息写入到刚才我们保存的那两个空的光子文件中。

步骤06 渲染完成后，会弹出【Load Irradiance map】(加载发光贴图) 面板，找到保存的发光贴图的光子文件加载即可。

10.2.7 渲染

步骤01 提高渲染尺寸。将最终渲染的尺寸设置为1600×1120，如图10-53所示。

步骤02 最终渲染需要得到最终的效果，所以在【VRay: Global switches】(VRay: 全局开关) 面板中取消勾选【Don't render final image】(不渲染最终图像)，如图10-54所示。

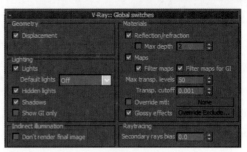

图10-53

图10-54

步骤03 在【VRay: Image sampler（Antialiasing）】（VRay: 图像采样（抗锯齿））面板中，将图像采样的Type（类型）修改为【Adaptive DMC】（自适应准蒙特卡洛），并且开启【Antialiasing filter】（抗锯齿过滤器），将抗锯齿的类型设置为【Catmull-Rom】，如图10-55所示。

步骤04 在【VRay: Irradiance map】（VRay: 发光贴图）面板中，将Current preset（当前预设）设置为【High】（高），【Hsph.subdivs】（半球细分）设置为50，【Interp.samples】（插补采样）设置为40，如图10-56所示。

图10-55

图10-56

步骤05 在【VRay: Light cache】（VRay: 灯光缓存）面板中，将细分值设置为1200，同时将【Sample size】（采样尺寸）设置为0.001，如图10-57所示。

步骤06 在【VRay: DMC Sampler】（VRay: 准蒙特卡洛采样）面板中，设置【Adaptive amount】（自适应数量）为0.75，【Min samples】（最小采样）为12，【Noise threshold】（噪波阈值）为0.001，如图10-58所示。

图10-57

图10-58

渲染完成后的效果如图10-59所示。

图10-59

10.2.8 创建材质通道

步骤01 将最终材质和灯光都调整好的Max文件打开，另存一份，将已经备份的Max文件里的灯光全部删除，并且将场景的渲染器由VRay渲染器还原为默认渲染器。

步骤02 打开配套光盘"场景文件\第10章\script"文件夹，将"渲染材质ID"脚本直接按住鼠标左键拖放到Max场景中。

步骤03 首先勾选"转换所有材质→Standard"，然后单击"转换为材质通道渲染"，如图10-60所示。

步骤04 单击渲染按钮，渲染完成后的效果如图10-61所示。

图10-60

图10-61

10.2.9 制作材质AO通道

步骤01 将最终材质和灯光都调整好的Max文件打开，备份一个，删除场景中的所有灯光。

步骤02 将VRay渲染器重置，并调节AO渲染参数。首先设置VRay全局开关面板。打开【VRay: Global switches】（VRay：全局开关）面板，在【Lighting】（灯光）选项栏中选择【Default lights: Off】（默认灯光：关），如图10-62所示。

步骤03 在【VRay: Image sampler（Antialiasing）】（VRay：图像采样（抗锯齿））面板中，将图像采样的Type（类型）修改为【Adaptive DMC】（自适应准蒙特卡洛），并且开启【Antialiasing filter】（抗锯齿过滤器），将抗锯齿的类型设置为【Catmull-Rom】，如图10-63所示。

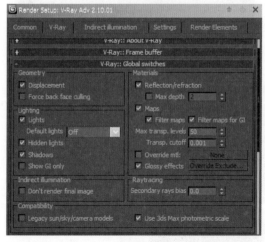

图10-62

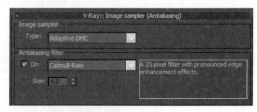

图10-63

步骤04 AO测试参数设置完成后，我们还需要调节一个专门的AO材质。选择一个空白材质球，将材质球类型修改为【Standard】专业材质，【Diffuse】（漫反射）的RGB值修改为（255，255，255），单击【Diffuse】后的贴图通道，为其添加一张【VRayDirt】（VRay脏旧）贴图。在【VRayDirt】（VRay脏旧）面板中将脏旧的【Radius】（半径）设置为800，将【Subdivs】（细分值）设置为50，回到主材质面板，找到【Self-Illumination】（自发光），将自发光的强度设置为100，如图10-64所示。

步骤05 如果场景中具有半透明特性的物体，如玻璃、酒水、窗纱等，还需要在上面AO材质的基础上将材质的透明度修改为50，如图10-65所示。

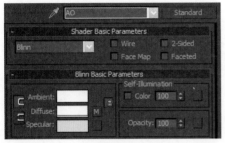

图10-64

图10-65

 注 意

渲染AO图都需要保持先前渲染成图的相机角度不变、渲染尺寸不变，否则最终到Photoshop中进行后期处理叠加的时候就会因为位置不对而变得没有意义，效果如图10-66所示。

图10-66

10.2.10 Photoshop后期处理

步骤01 启动Photoshop软件，打开配套光盘"场景文件\第10章\jpeg"提供的"儿童房"以及"儿童房AO"两张图像。

步骤02 激活移动工具，快捷键为"V"，按住"Shift"键的同时将图像"儿童房AO"拖动到"儿童房"图层中，然后删掉"儿童房AO"，如图10-67所示。

步骤03 使用键盘上的组合快捷键"Ctrl+J"将图层0复制一个，这样可以避免对源图像造成破坏，如图10-68所示。

图10-67

图10-68

步骤04 选中图层1（AO层），将图层1的图层混合模式修改为"柔光"，不透明度设置为40，如图10-69所示。

图10-69

步骤05 选中图层1，为其添加一个"亮度/对比度"的调整类蒙版，如图10-70所示。将对比度调高到20，亮度为20，如图10-71所示。

图10-70

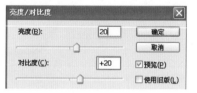

图10-71

步骤06 接着为其添加一个"色相/饱和度"的调整类蒙版，将饱和度调整为20，如图10-72所示。

步骤07 继续为其添加"色阶"调整类蒙版，如图10-73所示。

图10-72

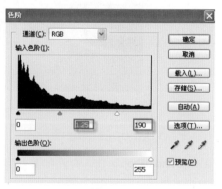

图10-73

步骤08 选中最上方的"色阶"调整类蒙版，按下键盘上的组合快捷键"Ctrl+Alt+Shift+E"盖印一个图层（将所有图层合并），执行滤镜/锐化/智能锐化命令，如图10-74所示。在智能锐化面板中，将锐化的数量调整为30，让图像看起来更清晰一些，如图10-75所示。

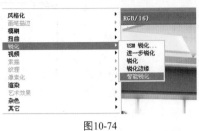

图10-74

图10-75

至此，Photoshop中的处理基本完成，效果如图10-76所示。

图10-76

10.3 本章小结

　　本章主要讲解了儿童房的装饰特点以及儿童房日景的表现方法。在实际设计过程中，儿童房的家具忌选择颜色沉重、压抑的色调，而应以轻松、活泼、自然、简洁为主，再配置一些具有游戏功能和童趣的家具，在这样健康的成长环境中，有益于宝贝形成乐观向上、活泼开朗的性格及现代审美情趣。

第11章
舌尖上的早晨——晨间餐厅

餐厅是为一家人提供食品、饮料等餐饮的区域。在忙忙碌碌的生活形态下，就餐是一天里家庭成员难得的相聚时间。一个理想的餐厅装修应该能产生一种愉悦的气氛，使每一个人都能感到松弛。如果餐厅能有助于家庭成员相互和谐会谈，就更有益了。

本章主要讲解餐厅的设计原则和晨间餐厅的表现方法。

本章要点

- 餐厅风格介绍。
- 晨间餐厅相机架设。
- 晨间餐厅材质制作。
- 晨间餐厅灯光制作。
- 晨间餐厅渲染。
- 晨间餐厅后期处理。

11.1　餐厅风格介绍

在餐厅的设计过程中，需要设计师注意很多细节。

对于餐厅，最重要是使用起来要方便。餐厅无论是放在何处，都要靠近厨房，这样便于上菜，同时在餐厅里，除了必备的餐桌和餐椅之外，还可以配上餐饮柜，如图11-1所示。

图11-1

在餐厅区里，光线一定要充足。吃饭的时候光线好才能营造出一种秀色可餐的感觉。餐厅里的光线除了自然以外，还要光线柔和，同时可以使用吊灯或者是伸缩灯，能够让餐厅明亮，同时使用起来的时候就非常的方便，如图11-2所示。

图11-2

　　在餐厅之中，为了增加食欲，还可以增加一些画，也可以增加一些植物，都可以起到调节开胃的效果，如图11-3所示。

图11-3

　　餐厅地板可以铺设不同颜色、不同材质或者不同高度的材料来与室内其他空间进行有效地划分，这样能够在视觉上让餐厅显得独立，同时又有效地融合在一起，如图11-4所示。

图11-4

11.2 晨间餐厅的设计与制作

11.2.1 创建相机

步骤01 打开配套光盘中的"场景文件\第11章\max\晨间餐厅-初始.max"文件。单击命令面板【Cameras】(相机)下的【Target】(目标相机),在【Top】视图中创建一个相机,如图11-5所示。

步骤02 进入【Front】视图,调整相机的高度,如图11-6所示。

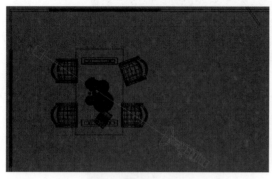

图11-5

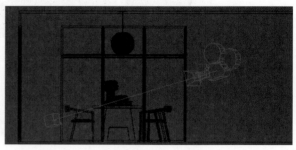

图11-6

步骤03 进入相机的修改面板修改相机的镜头,如图11-7所示。

步骤04 按下键盘上的组合快捷键"Shift+F"开启安全框,相机视图效果如图11-8所示。

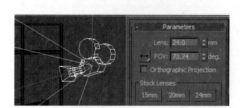

图11-7

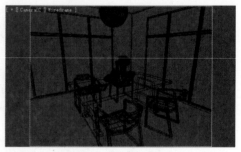

图11-8

至此,场景的相机基本架设完成。接下来,设置晨间餐厅的VRay测试渲染参数。

11.2.2 设置VRay测试渲染参数

步骤01 按"F10"键,弹出【Render Setup】(渲染设置)面板,在【Common】(通用)子面板下单击【Assign Renderer】(指定渲染器)卷展栏。单击Production(产品级)后的■■(选择渲染器),弹出【Choose Renderer】,然后将VRay Adv 2.10.01指定为当前渲染器。

步骤02 将测试渲染时的渲染尺寸设置为一个较小的值,如图11-9所示。

步骤03 在【VRay: Frame buffer】(VRay: 帧缓存)面板中,勾选【Enable built-in Frame Buffer】(启用VRay内置的帧缓存),如图11-10所示。

图11-9

图11-10

步骤04 打开【VRay: Global switches】(VRay: 全局开关)面板,在【Lighting】(灯光)选项栏中选择【Default lights: Off】(默认灯光: 关),如图11-11所示。

步骤05 在【VRay: Image sampler (Antialiasing)】(VRay: 图像采样(抗锯齿))面板中,将图像采样的Type(类型)修改为Fixed(固定比例),并且关闭【Antialiasing filter】(抗锯齿过滤器),目的是获得更快的渲染速度,如图11-12所示。

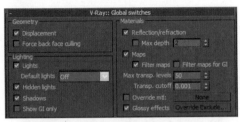

图11-11

图11-12

步骤06 设置全局光渲染引擎。打开【VRay: Indirect illumination (GI)】(VRay: 间接照明)面板,开启GI,然后将二次反弹设置为Light cache(灯光缓存),如图11-13所示。

步骤07 打开【VRay: Irradiance map】(VRay: 发光贴图)面板,将【Current preset】(当前预设)设置为Low(低),勾选【Show calc.phase】(显示计算相位),便于在测试渲染的时候能快速预览到渲染效果,如图11-14所示。

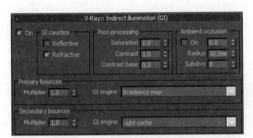

图11-13

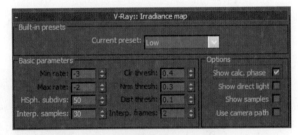

图11-14

步骤08 打开【VRay: Light cache】(VRay: 灯光缓存)面板,将细分值设置为100,同时勾选【Show calc.phase】(显示计算相位),如图11-15所示。

至此,测试阶段有关渲染器的设置就全部设置完成。

图11-15

11.2.3 创建材质

步骤01 创建晨间餐厅墙体材质。选择一个空白材质球,将材质球类型修改为VRayMtl专业材质。设置【Diffuse】(漫反射)颜色的RGB值为(250,250,250),如图11-16所示。

步骤02 创建晨间餐厅地砖材质。选择一个空白材质球,将材质球类型修改为VRayMtl专业材质。单击【Diffuse】(漫反射)后的贴图通道,为其添加一个【Bitmap】(位图),加载一张"地砖"贴图。修改【Reflect】(反射)的RGB值为(35,35,35),【Hilight.

图11-16

glossiness】（高光光泽度）为0.45，【Refl.glossiness】（反射光泽度）为0.55，【Subdivs】（细分值）为25，如图11-17所示。最后为其添加一个【UVW map】修改器。

步骤03 创建晨间餐厅木纹材质。选择一个空白材质球，将材质球类型修改为VRayMtl专业材质。单击【Diffuse】（漫反射）后的贴图通道，为其添加一个【Bitmap】（位图），加载一张"木纹"贴图。修改【Reflect】（反射）的RGB值为（30，30，30），【Hilight.glossiness】（高光光泽度）为0.56，【Refl.glossiness】（反射光泽度）为0.9，【Subdivs】（细分值）为25，如图11-18所示。最后为其添加一个【UVW map】修改器。

图11-17   图11-18

步骤04 创建晨间餐厅灯罩材质。选择一个空白材质球，将材质球类型修改为VRayMtl专业材质。修改【Diffuse】（漫反射）后的RGB值为（100，100，100）。修改【Reflect】（反射）的RGB值为（60，60，60），【Refl.glossiness】（反射光泽度）为0.95，【Refract】（折射）的RGB值为（255，255，255），【Fog color】（雾色）的RGB值为（224，238，254），【Fog multipler】（雾色倍增）为0.002，勾选【Affect shadows】（影响阴影），如图11-19所示。

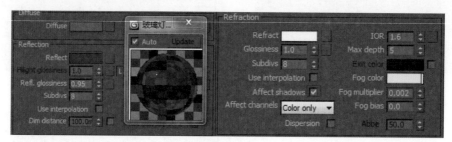

图11-19

步骤05 创建晨间餐厅瓷器材质。选择一个空白材质球，将材质球类型修改为VRayMtl专业材质。修改【Diffuse】（漫反射）的RGB值为（255，255，255），【Reflect】（反射）的RGB值为（250，250，250），勾选【Fresnel reflections】（菲涅尔反射），如图11-20所示。

步骤06 创建晨间餐厅椅子坐垫材质。选择一个空白材质球，将材质球类型修改为VRayMtl专业材质。单击【Diffuse】（漫反射）后的贴图通道，为其添加一个【Bitmap】（位图），加载一张"布纹"贴图，如图11-21所示。

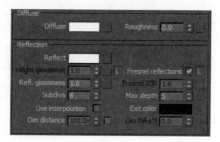

图11-20   图11-21

步骤07 创建晨间餐厅外景材质。选择一个空白材质球，将材质球类型修改为VRayLightMtl【VRay灯光材质】。单击【Color】（颜色）后的贴图通道，为其添加一个【Bitmap】（位图），加载一张"外景"贴图，如图11-22所示。

图11-22

至此，整个晨间餐厅的材质基本制作完成。

11.2.4 创建灯光

步骤01 创建晨间餐厅天光。首先在【Front】视图中靠近窗口的位置创建一个跟窗口差不多大的VRayLight模拟天光。在【Top】视图中将其移动到窗户外面，旋转复制出另外一个窗户的天光，如图11-23所示。进入灯光的修改面板，将灯光的【Multiplier】（倍增值）修改为2，【Color】（颜色）的GRB值修改为（250，250，250），同时勾选【Invisible】（不可见），如图11-24所示。

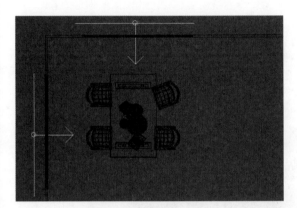

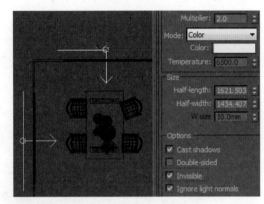

图11-23   图11-24

渲染相机视图，效果如图11-25所示。

图11-25

步骤02 创建晨间餐厅阳光。在【Top】视图灯带的位置创建一个VRaysun，在【Front】视图中将VRaysun移动到适当的高度，如图11-26所示。进入太阳光的修改面板，修改太阳光的【intensity multiplier】（密度倍增）为0.03，如图11-27所示。

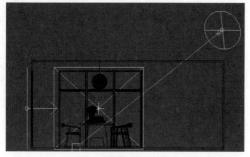
图11-26

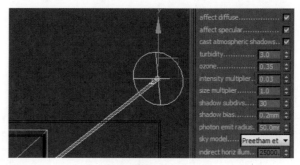
图11-27

渲染相机视图，效果如图11-28所示。

图11-28

至此，晨间餐厅的灯光基本制作完成。

11.2.5 调整优化灯光细分值

单击菜单栏【Tools】（工具），进入【VRayLight Lister】（VRay灯光列表），将所有灯光的细分值调整为24，以减少场景的噪点，如图11-29所示。

图11-29

11.2.6 制作光子文件

步骤01 在制作光子文件之前，我们可以渲染一个较小尺寸的图像，如图11-30所示。

步骤02 在【VRay: Global switches】（VRay：全局开关）中勾选【Don't render final image】（不渲染最终图像），如图11-31所示。

图11-30

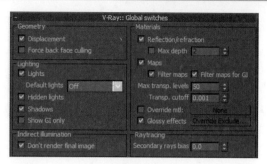

图11-31

步骤03 打开【VRay: Irradiance map】（VRay: 发光贴图）面板，在【On render end】（渲染以后）选项栏中，勾选【Don't delete】（不删除）、【Auto save】（自动保存）、【Switch to saved map】（切换到保存的贴图）三个选项，并单击【Browse】（浏览），将光子文件保存到电脑的某个位置，如图11-32所示。

步骤04 用同样的方法设置【VRay: Light cache】（VRay: 灯光缓存），如图11-33所示。

图11-32

图11-33

步骤05 设置完成以后，一定记得渲染一下，让整个场景的灯光信息写入到刚才我们保存的那两个空的光子文件中。

步骤06 渲染完成后，会弹出【Load Irradiance map】（加载发光贴图）面板，找到保存的发光贴图的光子文件加载即可。

11.2.7 渲染

步骤01 提高渲染尺寸。将最终渲染的尺寸设置为1600×1200，如图11-34所示。

步骤02 最终渲染需要得到最终的效果，所以在【VRay: Global switches】（VRay: 全局开关）中取消勾选【Don't render final image】（不渲染最终图像），如图11-35所示。

图11-34

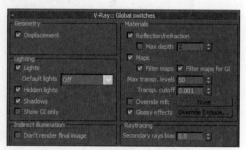

图11-35

步骤03 在【VRay: Image sampler（Antialiasing）】（VRay: 图像采样（抗锯齿））面板中，将图像采样的Type（类型）修改为【Adaptive DMC】（自适应准蒙特卡洛），并且开启【Antialiasing filter】（抗锯齿过滤器），将抗锯齿的类型设置为【Catmull-Rom】，如图11-36所示。

步骤04 在【VRay: Irradiance map】（VRay: 发光贴图）面板中，将【Current preset】（当前预设）设置为【High】（高），【Hsph.subdivs】（半球细分）设置为50，【Interp.samples】（插补采样）设置为40，如图11-37所示。

图11-36   图11-37

步骤05 在【VRay：Light cache】（VRay：灯光缓存）面板中，将细分值设置为1200，同时将【Sample size】（采样尺寸）设置为0.001，如图11-38所示。

步骤06 在【VRay：DMC Sampler】（VRay：准蒙特卡洛采样）中，设置【Adaptive amount】（自适应数量）为0.75，【Min samples】（最小采样）为12，【Noise threshold】（噪波阈值）为0.001，如图11-39所示。

图11-38   图11-39

渲染完成后的效果如图11-40所示。

图11-40

11.2.8 创建材质通道

步骤01 将最终材质和灯光都调整好的Max文件打开，另存一份，将已经备份的Max文件里的灯光全部删除，并且将场景的渲染器由VRay渲染器还原为默认渲染器。

步骤02 打开配套光盘中的"场景文件\第11章\scrip"文件夹，将"渲染材质ID"脚本直接按住鼠标左键拖放到Max场景中。

步骤03　首先勾选"转换所有材质（→Standard）"，然后单击"转换为材质通道渲染"，如图11-41所示。

步骤04　单击渲染按钮，渲染完成后的效果如图11-42所示。

图11-41

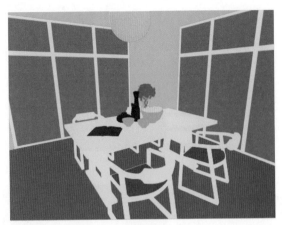

图11-42

11.2.9　制作材质AO通道

步骤01　将最终材质和灯光都调整好的Max文件打开，备份一个，删除场景中的所有灯光。

步骤02　将VRay渲染器重置，并调节AO渲染参数。首先设置VRay全局开关面板。打开【VRay: Global switches】（VRay：全局开关）面板，在【Lighting】（灯光）选项栏中选择【Default lights: Off】（默认灯光：关），如图11-43所示。

步骤03　在【VRay: Image sampler（Antialiasing）】（VRay：图像采样（抗锯齿））面板中，将图像采样的Type（类型）修改为【Adaptive DMC】（自适应准蒙特卡洛），并且开启【Antialiasing filter】（抗锯齿过滤器），将抗锯齿的类型设置为【Catmull-Rom】，如图11-44所示。

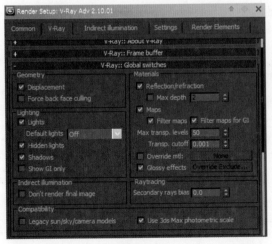

图11-43

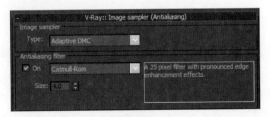

图11-44

步骤04　AO测试参数设置完成后，我们还需要调节一个专门的AO材质。选择一个空白材质球，将材质球类型修改为【Standard】专业材质。设置【Diffuse】（漫反射）的RGB值为（255，255，255），单击【Diffuse】后的贴图通道，为其添加一张【VRayDirt】（VRay脏旧）贴图。在【VRayDirt】（VRay脏旧）面板中将脏旧的【Radius】（半径）设置为800，将【Subdivs】（细分值）设置为50，回到主材质面板，找到【Self-Illumination】（自发光），将自发光的强度设置为100，如图11-45所示。

如果场景中具有半透明特性的物体，如玻璃、酒水、窗纱等，还需要在上面AO材质的基础上将材质的透明度修改为50，如图11-46所示。最终效果如图11-47所示。

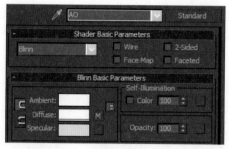

图11-45

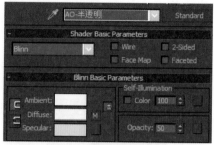

图11-46

图11-47

11.2.10　Photoshop后期处理

步骤01　启动Photoshop软件，打开配套光盘"场景文件\第11章\jpeg"提供的"晨间餐厅"以及"晨间餐厅AO"两张图像。

步骤02　激活移动工具，快捷键为"V"，按住"Shift"键的同时将图像"晨间餐厅AO"拖动到"晨间餐厅"图层中，然后删掉"晨间餐厅AO"，如图11-48所示。

步骤03　使用键盘上的组合快捷键"Ctrl+J"将图层0复制一个，这样可以避免对源图像造成破坏，如图11-49所示。

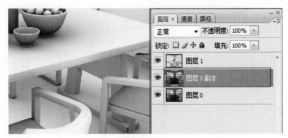

图11-48

图11-49

步骤04 选中图层1（AO层），将图层1的图层混合模式修改为"柔光"，不透明度设置为30，如图11-50所示。

步骤05 选中图层1，为其添加一个"亮度/对比度"的调整类蒙版，如图11-51所示。将对比度调高到40，亮度为-30，如图11-52所示。

图11-50

图11-51

步骤06 接着为其添加一个"色相/饱和度"的调整类蒙版，将饱和度调整为20，如图11-53所示。

图11-52

图11-53

步骤07 选中最上方的"色相/饱和度"调整类蒙版，按下键盘上的组合快捷键"Ctrl+Alt+Shift+E"盖印一个图层（将所有图层合并），执行滤镜/锐化/智能锐化命令，如图11-54所示。在智能锐化面板中，将锐化的数量调整为30，让图像看起来更清晰一些，如图11-55所示。

图11-54

图11-55

至此，在Photoshop中的处理基本完成，效果如图11-56所示。

图11-56

11.3 本章小结

　　本章主要讲解了餐厅的设计原则和晨间餐厅的表现方法。在实际设计过程中，面积较大的家庭最好设独立的餐厅，如果面积有限，也可以餐厅和客厅，或者餐厅和过厅共享一个空间，但餐厅和客厅或过厅应有明显分区，如通过地面或天花的处理来限定出就餐的空间，最好不要出现空间限定不明确的所谓"模糊双厅"。

当人们物质生活的要求不断得到满足时，便萌发出一种向往传统、怀念古老珍品、珍爱有艺术价值的传统风格的情结。于是欧洲文艺复兴时期那种描绘细致、丰裕华丽的风格，以及稍后的巴洛克和洛可可那种曲线优美、线条流动的风格便在居室装饰及家具陈设中特别是卧室设计中出现。卧室是人们休息的主要处所，卧室布置得好坏，直接影响到人们的生活、工作和学习，所以卧室也是家庭装修的设计重点之一。

本章主要讲解了欧式卧室的装饰特点以及欧式卧室日景的表现手法。

本章要点

- 欧式卧室风格介绍。
- 欧式卧室相机架设。
- 欧式卧室材质制作。
- 欧式卧室灯光制作。
- 欧式卧室渲染。
- 欧式卧室后期处理。

12.1　欧式卧室风格介绍

卧室设计时要注重实用，其次才是装饰。卧室里陈设的家具使用起来要方便适手。床头两侧最好有床头柜，用来放置台灯、闹钟等随手可以触到的东西。有的卧室功能较多，还应考虑到梳妆台与书桌的位置安排，如图12-1所示。

图12-1

卧室灯光照明要讲究，最好采用向上打光的灯，既可以使房顶显得高，又可以使光线柔和，不直射眼睛。除主要灯源外，还应设台灯或壁灯，以备起夜或睡前看书用，如图12-2所示。

卧室的色调、图案应和谐，如图12-3所示。卧室的色调由两大方面构成，装修时墙面、地面、顶面本身都有各自的颜色，面积很大；后期配饰中窗帘、床罩等也有各自的色彩，并且面积也很大。这两者的色调搭配要和谐，要确定出一个主色调，比如墙上贴了色彩艳丽的壁纸，那么窗帘的颜色就要淡雅一些，否则房间的颜色就太浓了，会显得过于拥挤；若墙壁是白色的，窗帘等的颜色就可以浓一些。

图12-2

图12-3

卧室要安静，隔音要好，可采用吸音性好的材料，门上最好采用不透明的材料完全封闭。设计中为了采光好，把卧室的门安上透明玻璃或毛玻璃，这是极不可取的，如图12-4所示。

图12-4

12.2 欧式卧室的设计与制作

12.2.1 创建相机

步骤01 打开配套光盘"场景文件\第12章\max"中的"欧式卧室-初始.max"文件。单击命令面板【Cameras】（相机）下的【Target】（目标相机），在【Top】视图中创建一个如图12-5所示的相机。

步骤02 进入【Front】视图，调整相机的高度，如图12-6所示。

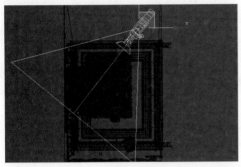

图12-5

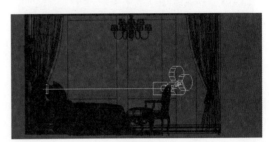

图12-6

步骤03 进入相机的修改面板修改相机的镜头，如图12-7所示。

步骤04 按键盘上的组合快捷键"Shift+F"开启安全框，相机视图效果如图12-8所示。

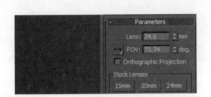

图12-7

图12-8

至此，场景的相机基本架设完成。接下来，我们可以设置欧式卧室的VRay测试渲染参数。

12.2.2 设置VRay测试渲染参数

步骤01 按"F10"键，弹出【Render Setup】（渲染设置）面板，在【Common】（通用）子面板下，单击【Assign Renderer】（指定渲染器）卷展栏。单击Production（产品级）后的 ··· （选择渲染器），弹出【Choose Renderer】面板，然后将VRay Adv 2.10.01指定为当前渲染器。

步骤02 将测试渲染时的渲染尺寸设置为一个较小的值，如图12-9所示。

步骤03 在【VRay: Frame buffer】（VRay: 帧缓存）面板中，勾选【Enable built-in Frame Buffer】（启用VRay内置的帧缓存），如图12-10所示。

图12-9

图12-10

步骤04　打开【VRay：Global switches】（VRay：全局开关）面板，在【Lighting】（灯光）选项栏中选择【Default lights：Off】（默认灯光：关），如图12-11所示。

步骤05　在【VRay：Image sampler（Antialiasing）】（VRay：图像采样（抗锯齿））面板中，将图像采样的Type（类型）修改为Fixed（固定比例），并且关闭【Antialiasing filter】（抗锯齿过滤器），目的是获得更快的渲染速度，如图12-12所示。

图12-11

图12-12

步骤06　设置全局光渲染引擎。打开【VRay：Indirect illumination（GI）】（VRay：间接照明）面板，开启GI，然后将二次反弹设置为Light cache（灯光缓存），如图12-13所示。

步骤07　打开【VRay：Irradiance map】（VRay：发光贴图）面板，将【Current preset】（当前预设）设置为Low（低），勾选【Show calc.phase】（显示计算相位），便于在测试渲染的时候能快速预览到渲染效果，如图12-14所示。

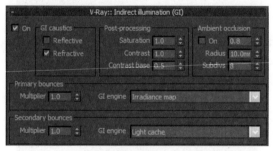
图12-13

图12-14

步骤08　打开【VRay：Light cache】（VRay：灯光缓存）面板，将细分值设置为100，同时勾选【Show calc.phase】（显示计算相位），如图12-15所示。

　　至此，测试阶段有关于渲染器的设置就全部设置完成。

图12-15

12.2.3　创建材质

步骤01　创建欧式卧室墙体材质。选择一个空白材质球，将材质球类型修改为VRayMtl专业材质。设置【Diffuse】（漫反射）颜色的RGB值为（250，250，250），如图12-16所示。

步骤02　创建欧式卧室地板材质。选择一个空白材质球，将材质球类型修改为VRayMtl专业材质。单击【Diffuse】（漫反射）后的贴图通道，为其添加一个【Bitmap】（位图），加载一张"木地板"贴图。设置【Reflect】（反射）的RGB值为（30，30，30），【Hilight.glossiness】（高光光泽度）为0.6，【Refl.glossiness】（反射光泽度）为0.8，【Subdivs】（细分值）为20，如图12-17所示，最后为其添加一个【UVW map】修改器。

图12-16　　　　　　　　　　　　图12-17

步骤03　创建欧式卧室窗纱材质。选择一个空白材质球，将材质球类型修改为VRayMtl专业材质。设置【Diffuse】（漫反射）的RGB值为（250，250，250），【Refract】（折射）的RGB值为（150，150，150），【IOR】（折射率）为1.001，【Glossiness】（光泽度）为0.8，【Subdives】（细分值）为15，勾选【Affect shadows】（影响阴影），如图12-18所示。

步骤04　创建欧式卧室背景墙红色皮质软包材质。选择一个空白材质球，将材质球类型修改为VRayMtl专业材质。设置【Diffuse】（漫反射）颜色的RGB值为（89，5，5），【Reflect】（反射）的RGB值为（50，50，50），【Refl.glossiness】（反射光泽度）为0.7，【Subdivs】（细分值）为20，勾选【Fresnel reflections】（菲涅尔反射），如图12-19所示。

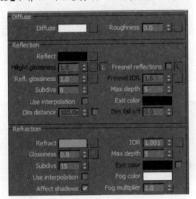

图12-18　　　　　　　　　　　　图12-19

步骤05　创建欧式卧室背景墙黄铜材质。选择一个空白材质球，将材质球类型修改为VRayMtl专业材质。设置【Diffuse】（漫反射）颜色的RGB值为（5，5，5），【Reflect】（反射）的RGB值为（226，114，189），【Hilight.glossiness】（高光光泽度）为0.6，【Refl.glossiness】（反射光泽度）为0.9，【Subdivs】（细分值）为20，如图12-20所示。

步骤06　创建欧式卧室床上用品（枕头）材质。选择一个空白材质球，将材质球类型修改为VRayMtl专业材质。单击【Diffuse】（漫反射）后的贴图通道，为其添加一个【Bitmap】（位图），加载一张"布纹"贴图。设置【Reflect】（反射）的RGB值为（65，65，65），【Refl.glossiness】（反射光泽度）为0.5，【Subdivs】（细分值）为15，如图12-21所示。最后为其添加一个【UVW map】修改器，使用相同的方法制作出其他床上用品的材质。

图12-20　　　　　　　　　　　　图12-21

步骤07 创建欧式卧室床头柜金属材质。选择一个空白材质球,将材质球类型修改为VRayMtl专业材质。设置【Diffuse】(漫反射)颜色的RGB值为(128,128,128),【Reflect】(反射)的RGB值为(171,171,171),【Refl.glossiness】(反射光泽度)为0.6,【Subdivs】(细分值)为15,如图12-22所示。

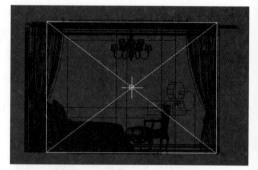

图12-22

至此,房间主体的材质基本调节完成。接下来开始设置整个场景的灯光效果。

12.2.4 创建灯光

步骤01 创建欧式卧室的天光。首先在【Front】视图中靠近窗口的位置创建一个跟窗口差不多大的VRayLight模拟天光,如图12-23所示。在【Top】视图中将其移动到窗户外面,然后向内关联复制一个到窗户前面,如图12-24所示。进入灯光的修改面板,设置灯光的【Multiplier】(倍增值)为6,【Color】(颜色)的GRB值为(86,120,171),模拟天光的冷色调,同时勾选【Invisible】(不可见),如图12-25所示。

图12-23

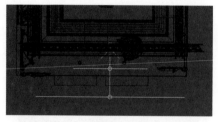

图12-24

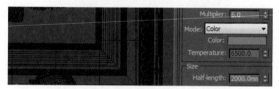

图12-25

渲染相机视图,效果如图12-26所示。

步骤02 创建欧式卧室筒灯灯光。在【Front】视图中的筒灯位置从上往下创建一个VRayIES,在【Top】视图中将其关联复制到壁灯的位置,如图12-27所示。进入灯光的修改面板,单击【None】,加载一个"19"的光域网。修改灯光的【Power】(亮度)为800,【Color】(颜色)的GRB值为(255,170,50),如图12-28所示。

图12-26

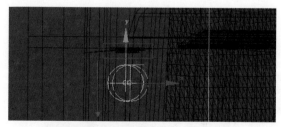

图12-27

图12-28

渲染相机视图，效果如图12-29所示。

图12-29

步骤03 创建欧式卧室台灯、壁灯灯光。在【Top】视图中创建一个VRayLight，进入修改面板修改灯光的类型为【Sphere】（球体），在透视图移动到台灯、壁灯的中心位置，关联复制一个到另一个台灯、壁灯的中心位置，如图12-30所示。修改灯光的【Multiplier】（倍增值）为100，【Color】（颜色）的GRB值为（255，170，50），同时勾选【Invisible】（不可见），如图12-31所示。

图12-30

图12-31

渲染相机视图，效果如图12-32所示。

图12-32

步骤04 创建欧式卧室太阳光。在【Top】视图中创建一个VRaysun，在【Front】视图中将VRaysun移动到适当的高度，如图12-33所示。进入太阳光的修改面板，修改太阳光的【intensity multiplier】（密度倍增）为0.05，如图12-34所示。

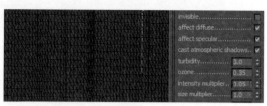

图12-33 图12-34

渲染相机视图，效果如图12-35所示。

图12-35

12.2.5 调整优化灯光细分值

单击菜单栏中的【Tools】（工具），进入【VRayLight Lister】（VRay灯光列表），将所有灯光的细分值调整为24，以减少场景的噪点，如图12-36所示。

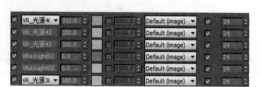

图12-36

12.2.6 制作光子文件

步骤01 在制作光子文件之前，我们可以渲染一个较小尺寸的图像，如图12-37所示。

步骤02 在【VRay: Global switches】（VRay：全局开关）中勾选【Don't render final image】（不渲染最终图像），如图12-38所示。

图12-37

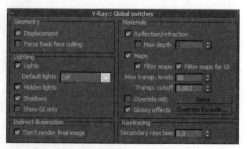

图12-38

步骤03 打开【VRay: Irradiance map】(VRay: 发光贴图)面板, 在【On render end】(渲染以后)选项栏中, 勾选【Don't delete】(不删除)、【Auto save】(自动保存)、【Switch to saved map】(切换到保存的贴图)三个选项, 并单击【Browse】(浏览), 将光子文件保存到电脑的某个位置, 如图12-39所示。

步骤04 用同样的方法设置【VRay: Light cache】(VRay: 灯光缓存), 如图12-40所示。

图12-39

图12-40

步骤05 设置完成以后, 一定记得渲染一下, 让整个场景的灯光信息写入到刚才我们保存的那两个空的光子文件中。

步骤06 渲染完成后, 会弹出【Load Irradiance map】(加载发光贴图)面板, 找到保存的发光贴图的光子文件加载即可。

12.2.7 渲染

步骤01 提高渲染尺寸。将最终渲染的尺寸设置为1600×1299, 如图12-41所示。

步骤02 最终渲染需要得到最终的效果, 所以在【VRay: Global switches】(VRay: 全局开关)中取消勾选【Don't render final image】(不渲染最终图像), 如图12-42所示。

图12-41

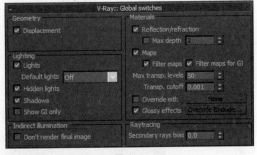

图12-42

步骤03 在【VRay: Image sampler (Antialiasing)】(VRay: 图像采样(抗锯齿))面板中, 将图像采样的Type(类型)修改为【Adaptive DMC】(自适应准蒙特卡洛), 并且开启【Antialiasing filter】(抗锯齿过滤器), 将抗锯齿的类型设置为【Catmull-Rom】, 如图12-43所示。

步骤04 在【VRay: Irradiance map】(VRay: 发光贴图)面板中, 将【Current preset】(当前预设)设置为【High】(高), 【Hsph.subdivs】(半球细分)设置为50, 【Interp.samples】(插补采样)设置为40, 如图12-44所示。

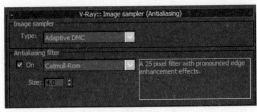

图12-43

图12-44

步骤05 在【VRay: Light cache】（VRay: 灯光缓存）面板中，将细分值设置为1200，同时将【Sample size】（采样尺寸）设置为0.001，如图12-45所示。

步骤06 在【VRay: DMC sampler】（VRay: 准蒙特卡洛采样）中，设置【Adaptive amount】（自适应数量）为0.75，【Min samples】（最小采样）为12，【Noise threshold】（噪波阈值）为0.001，如图12-46所示。

图12-45

图12-46

渲染完成后的效果如图12-47和图12-48所示。

图12-47

图12-48

12.2.8 创建材质通道

步骤01 将最终材质和灯光都调整好的Max文件打开，另存一份，将已经备份的Max文件里的灯光全部删除，并且将场景的渲染器由VRay渲染器还原为默认渲染器。

步骤02 打开配套光盘"场景文件\第12章\script"文件夹，将"渲染材质ID"脚本直接按住鼠标左键拖放到Max场景中。

步骤03 首先勾选"转换所有材质（→Standard）"，然后单击"转换为材质通道渲染"，如图12-49所示。

步骤04 单击渲染按钮，渲染完成后的效果如图12-50所示。

图12-49

图12-50

12.2.9 制作材质AO通道

步骤01 将最终材质和灯光都调整好的Max文件打开，备份一个，删除场景中的所有灯光。

步骤02 将VRay渲染器重置，并调节AO渲染参数。首先设置VRay全局开关面板。打开【VRay: Global switches】（VRay：全局开关）面板，在【Lighting】（灯光）选项栏中选择【Default lights: Off】（默认灯光：关），如图12-51所示。

步骤03 在【VRay: Image sampler（Antialiasing）】（VRay：图像采样（抗锯齿））面板中，将图像采样的Type（类型）修改为【Adaptive DMC】（自适应准蒙特卡洛），并且开启【Antialiasing filter】（抗锯齿过滤器），将抗锯齿的类型设置为【Catmull-Rom】，如图12-52所示。

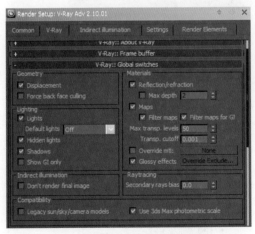

图12-51

图12-52

步骤04 AO测试参数设置完成后，我们还需要调节一个专门的AO材质。选择一个空白材质球，将材质球类型修改为【Standard】专业材质。设置【Diffuse】（漫反射）的RGB值为（255，255，255），单击【Diffuse】后的贴图通道，为其添加一张【VRayDirt】（VRay脏旧）贴图。在【VRayDirt】（VRay脏旧）面板中将脏旧的【Radius】（半径）设置为800，将【Subdivs】（细分值）设置为50。回到主材质面板，找到【Self-Illumination】（自发光），将自发光的强度设置为100，如图12-53所示。

如果场景中具有半透明特性的物体，如玻璃、酒水、窗纱等，还需要在上面AO材质的基础上将材质的透明度修改为50，如图12-54所示。

图12-53

图12-54

渲染相机视图，效果如图12-55所示。

图12-55

12.2.10 Photoshop后期处理

步骤01 启动Photoshop，打开配套光盘"场景文件\第12章\jpeg"中的"欧式卧室"以及"欧式卧室AO"两张图像。

步骤02 激活移动工具，快捷键为"V"，按住"Shift"键的同时将图像"欧式卧室AO"拖动到"欧式卧室"图层中，然后删掉"欧式卧室AO"，如图12-56所示。

步骤03 使用键盘上的组合快捷键"Ctrl+J"将图层0复制一个，这样可以避免对源图像造成破坏，如图12-57所示。

图12-56

图12-57

步骤04 选中图层1（AO层），将图层1的图层混合模式修改为"柔光"，不透明度设置为30，如图12-58所示。

步骤05 选中图层1，为其添加一个"亮度/对比度"的调整类蒙版，如图12-59所示。将对比度调高到40，如图12-60所示。

图12-58

图12-59

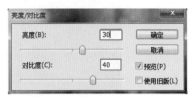

图12-60

步骤06 接着添加一个"色相/饱和度"的调整类蒙版，将饱和度调整为20，如图12-61所示。

步骤07 为其再次添加一个"曲线"的调整类蒙版，将曲线的形状调整为如图12-62所示的样子。

图12-61

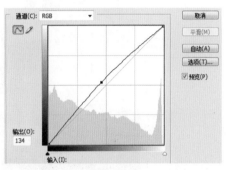

图12-62

步骤08 选中最上方的"曲线"调整类蒙版，按下键盘上的组合快捷键"Ctrl+Alt+Shift+E"盖印一个图层（将所有图层合并），执行滤镜/锐化/智能锐化命令，如图12-63所示。在弹出的智能锐化面板中，将锐化的数量调整为30，让图像看起来更清晰一些，如图12-64所示。

图12-63

图12-64

至此，Photoshop中的处理基本完成，效果如图12-65和图12-66所示。

图12-65

图12-66

12.3 本章小结

通过对本章的学习，希望读者能够了解欧式卧室的装饰特点，了解卧室白天灯光的基本布置方法。在实际设计过程中，欧式风格装修最大的特点是在造型上极其讲究，给人的感觉是端庄典雅、高贵华丽，具有浓厚的文化气息。在家具选配上，一般采用宽大精美的家具，配以精致的雕刻，整体营造出一种华丽、高贵、温馨的氛围。